生成对抗网络GAN 从理论到PyTorch实现

袁梅宇◎编著

清华大学出版社

北京

内 容 简 介

本书系统地讲解了生成对抗网络(GAN)的基本原理以及 PyTorch 编程技术，内容较全面，可操作性强，将理论与实践相结合。读者通过理论学习和编程实践操作，可了解并掌握生成对抗网络的基本原理和 PyTorch 编程技能，拉近理论与实践的距离。

本书共分 8 章，主要内容包括生成对抗网络介绍、简单全连接 GAN、深度卷积 GAN、Wasserstein GAN、条件 GAN、StyleGAN、Pix2Pix、CycleGAN，涵盖了丰富多彩的生成对抗网络的原理和示例。此外，本书源码已全部在 Python 3.10.9 + PyTorch 1.13.1 + CUDA 11.6 版本上调试成功。

本书适合生成对抗网络爱好者和 PyTorch 编程人员作为入门和提高的技术参考书，也适合用作计算机专业高年级本科生和研究生的教材或教学参考书。

图书在版编目(CIP)数据

生成对抗网络 GAN：从理论到 PyTorch 实现 / 袁梅宇编著. -- 北京 ：清华大学出版社，2025. 5.
ISBN 978-7-302-69017-7

Ⅰ. TP181

中国国家版本馆 CIP 数据核字第 2025Y7F553 号

责任编辑：魏　莹
封面设计：李　坤
责任校对：李玉茹
责任印制：刘　菲
出版发行：清华大学出版社
　　　　　网　　址：https://www.tup.com.cn, https://www.wqxuetang.com
　　　　　地　　址：北京清华大学学研大厦 A 座　　　　邮　　编：100084
　　　　　社 总 机：010-83470000　　　　　　　　　邮　　购：010-62786544
　　　　　投稿与读者服务：010-62776969, c-service@tup.tsinghua.edu.cn
　　　　　质量反馈：010-62772015, zhiliang@tup.tsinghua.edu.cn
印 装 者：大厂回族自治县彩虹印刷有限公司
经　　销：全国新华书店
开　　本：185mm×230mm　　　印　张：14　　　字　数：280 千字
版　　次：2025 年 6 月第 1 版　　　　　印　次：2025 年 6 月第 1 次印刷
定　　价：69.00 元

产品编号：107115-01

前言

生成对抗网络(Generative Adversarial Networks，GAN)被学术界和工业界的专家们誉为"深度学习中最重要的创新之一"。Facebook 的人工智能研究主管、图灵奖得主杨立昆(Yann LeCun)甚至表示 GAN 及其变体是"过去 20 年来深度学习中最酷的想法"。GAN 的创立来自"GAN之父"伊恩·古德费罗(Ian Goodfellow)的突发奇想。据说，2014 年蒙特利尔大学的博士生 Ian Goodfellow 在一家酒吧与朋友讨论学术问题时，突然想到一种让神经网络教会机器如何生成逼真照片的 AI 技术，并连夜在电脑上完成 GAN 的代码。GAN 的设计非常优雅：第一个 AI 尝试创造它认为的真实图像，第二个 AI 分析结果并尝试判断图像的真假。

至今，GAN 已经在理论上突飞猛进地发展了 10 年，各种 GAN 在不同领域中的应用在遍地开花。在计算机视觉中的应用包括图像和视频的生成、图像与图像或文字之间的翻译、目标检测、语义分割等。除了图像领域，GAN 还广泛应用于文本、语音等领域。

尽管 GAN 技术非常吸引人，但要掌握 GAN 并不容易，因为学习相关知识(诸如判别器、生成器、神经网络、卷积神经网络和各种 GAN 理论)具有一定的难度，同时掌握 PyTorch 等深度学习工具也很困难。因此，一本容易上手的生成对抗网络入门图书肯定会对 GAN 初学者有很大的帮助，本书就是专门为初学者精心编写的。

初学者学习生成对抗网络理论与 PyTorch 编程技术一般都会面临三个"拦路虎"。第一个"拦路虎"是必须具备一定的深度学习理论基础知识。深度学习包含很多需要掌握的基本概念，如神经元、激活函数、全连接、Dropout、权重初始化、代价函数、批量归一化、优化算法、卷积神经网络、卷积层和池化层、残差网络、Inception 网络等，学习这些概念需要花费大量的时间和精力，而且学习周期漫长。第二个"拦路虎"是生成对抗网络理论。必须阅读近 10 年来的很多经典论文，才能了解 GAN 领域的研究动态；如果无人引路，光靠一个人在黑暗中长期摸索，无疑会白白浪费很多精力。第三个"拦路虎"是 GAN 模型复现。众所周知，PyTorch 是一个非常庞大的开源平台，拥有一个包含各种工具、库和社区资源的良好生态系统，要在短时间内掌握这些编程技能较为困难，更别说直接去复现 GAN 论文。比较棘手的问题在于很多经典 GAN论文是使用 TensorFlow 或其他框架实现的，即便使用 PyTorch 实现，也有可能将多个功能混杂在一起，难以阅读和学习，或者仅仅因为 API 升级而无法运行，这对初学者来说极为不友好，因此迫切需要重新按照简单化的原则重新编码，提供专门的供学习用的复现版本。

本书就是为了让 GAN 的初学者顺利入门而设计的。首先，通过本书了解基本的 GAN 架构和原理之后，可以逐步深入研读经典论文，考虑如何解决实际问题。其次，本书精心选择一些生成对抗网络架构和训练方法的经典案例，读者能亲身体会如何将生成对抗网络的理论应用到实践中，并加深对 GAN 算法的理解，提高编程能力，逐步掌握生成对抗网络的原理和编程技能，拉近理论与实践的距离。

本书共分 8 章。第 1 章介绍生成对抗网络和 PyTorch 的基本概念，以及 GAN 架构和常用数据集；第 2 章为简单全连接 GAN 的基础编程，使用 PyTorch 来实现能生成 1001 模式的 GAN 和能生成 MNIST 数据的 GAN；第 3 章为深度卷积 GAN，主要内容有 DCGAN 简介，包括 DCGAN 网络结构、卷积、反卷积、批规范化的基本概念，并使用 PyTorch 实现一个 DCGAN 实例；第 4 章为 Wasserstein GAN，主要内容包括 WGAN 介绍、WGAN 基础、WGAN 实现和 WGAN-GP 实现；第 5 章为条件 GAN，首先介绍条件 GAN 的基本概念，包括条件生成、可控生成、Z 空间的向量运算、类别梯度上升和解耦合，然后使用 PyTorch 分别实现 cGAN 和可控生成 GAN；第 6 章为 StyleGAN，首先简单介绍 StyleGAN，然后讲述 StyleGAN 架构，包括 StyleGAN 生成器结构、渐进式增长、噪声映射网络、样式模块 AdaIN、样式混合和随机噪声等概念，最后讲解如何使用 PyTorch 框架来实现 StyleGAN；第 7 章为 Pix2Pix，首先讲述匹配图像转换的概念，然后讲述 PatchGAN、U-Net 等基本原理，最后使用 PyTorch 编程实现 Pix2Pix；第 8 章为 CycleGAN，首先讲述非匹配图像转换的概念，然后讲述 CycleGAN 架构，最后使用 PyTorch 框架来编码实现 CycleGAN。

由于深度学习软件更新得很快，新开发的代码在旧版本环境下不一定能够兼容运行，为便于读者参考，在此列出本书代码的开发调试环境：Python 3.10.9、PyTorch 1.13.1、CUDA 11.6、torchvision 0.14.1。本书配套源代码，读者可扫描右侧二维码进行下载。

下载源代码

感谢昆明理工大学提供的研究和写作环境；感谢清华大学出版社的编辑老师在出版方面提出的建设性意见和给予的无私帮助；感谢读者群的一些未见面的群友，你们对作者以前的著作提出了宝贵的建议并鼓励作者撰写更多、更好的技术类书籍，虽然我无法一一列举姓名，但你们的帮助我会一直铭记在心；最后感谢购买本书的朋友。作者在写作中付出很多精力和劳动，但限于作者的学识、能力和精力，书中难免会存在一些错误，敬请各位读者批评、指正，你们的批评与建议都会受到重视，并在将来再版中改进。

袁梅宇

目 录

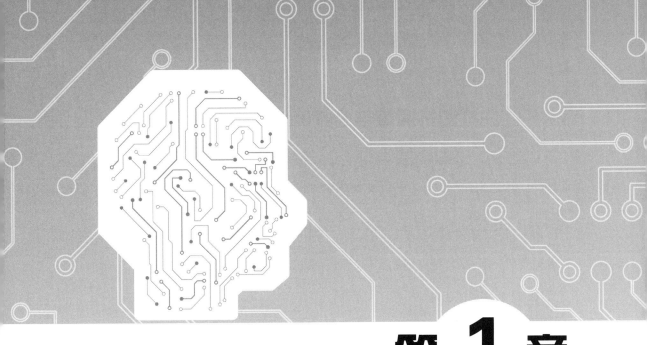

第1章

生成对抗网络介绍

　　生成对抗网络(GAN)是一种新兴的深度学习算法，是模仿给定数据集生成新数据样本的一种神经网络，它可以生成令人难以置信的逼真图像。学习构建和应用最先进的生成对抗网络是非常有价值的体验。例如，构建一个生成对抗网络来生成并未真实存在过的人的照片，或者让照片里的某个人变得更年轻或更衰老。使用 GAN 既可以将低分辨率的照片或视频转换为漂亮的高分辨率的照片或视频，也可以进行图像修复，智能去除遮挡或划痕，以获得完美的高清图片，还可以生成更多的数据以提供给学习算法。GAN 生成效果真实感强且清晰度高，因此广泛应用于电影和短视频的特效制作中。

　　本章介绍生成对抗网络的基本概念，讨论生成模型和判别模型之间的区别，概述 GAN 的基本架构，包括判别器和生成器，并介绍它们如何通过对抗过程进行训练，最后介绍训练 GAN 经常用到的公开数据集。

1.1 生成对抗网络与 PyTorch 简介

本节首先介绍生成对抗网络的发展简史，然后简单介绍生成对抗网络在人脸生成技术上的进步，以及"GAN"这个单词的来历，最后介绍 PyTorch 开发环境。

1.1.1 生成对抗网络介绍

首先介绍一下 GAN 能完成的工作，然后再粗浅介绍 GAN 是什么。

1. GAN 能完成的工作

2014 年，加拿大蒙特利尔大学的博士生伊恩·古德费罗(Ian Goodfellow)发明生成对抗网络 GAN，因而被誉为"GAN 之父"。该技术使得计算机能够通过使用两个独立的神经网络来生成逼真的数据，而不像通常那样只使用一个神经网络。其实 GAN 并不是第一个用于生成数据的计算机程序，但其结果的多样性和多功能性使它显得非常特别。GAN 取得了很多显著成果，比如，生成异常逼真的高质量伪造图像，能将涂鸦转变成像照片一样的高清图像，将马的视频转换为斑马的视频，等等，而且不需要大量的精心标记的训练数据(长期以来这都认定是人工智能系统无法做到的事情)。

神经网络专家杨立昆(Yann LeCun)称 GAN 为"机器学习领域近 20 年来最酷的想法"(原文是 The coolest idea in deep learning in the last 20 years.)。

使用 GAN 以后，以人脸合成为代表的数据生成技术取得了长足的进步，图 1.1 就是一个很好的例子。图中每张人脸图像下面的数字是论文发表的年份，2014—2017 年的图像来自论文 *The Malicious Use of Artificial Intelligence*: *Forecasting, Prevention, and Mitigation*[①]，2018 年的图像来自论文 *Thermal face generation using StyleGAN*[②]，2019 年和 2021 年的图像来自维基百科[③]，2024 年的图像来自当年访问的 This Person Does Not Exist(这个人并不存在)[④]网站。

早在 2014 年 GAN 刚出现时，计算机能够做到的极致的事就是生成一张模糊的人脸。

---

① https://arxiv.org/abs/1802.07228

② https://ieeexplore.ieee.org/document/9445031

③ https://en.wikipedia.org/wiki/Generative_adversarial_network

④ https://thispersondoesnotexist.com/

即使如此，这也被誉为突破性的成功。2017 年以后，GAN 的技术进步使合成的假脸质量可以与高分辨率人像照片相媲美。值得一提的是 This Person Does Not Exist 网站，该网站由软件工程师 Phillip Wang 于 2019 年 2 月发布，其利用 AI 人脸图像自动生成工具，基于 AI 技术生成现实生活中并不存在的人脸，在每次刷新时都会生成一张新的人脸图像，人脸的面部特征、表情和细节高度逼真。另一个可以定制图像的网站(https://this-person-does-not-exist.com/en)是由 Serhii Lopukha 发布的，该网站可以定制性别、年龄、种族，更容易满足用户个性化的需求。读者还可以自行探索另一个人脸生成的网站——https://thispersonnotexist.org/。

图 1.1　人脸生成技术上的进步

另一些有意思的类似网站如下。

- https://whichfaceisreal.com/index.php，要求用户在两张脸中判断哪一张是真实人脸。
- https://www.thiswaifudoesnotexist.net/，AI 自动生成一张二次元少女的头像。

除了能够生成图像外，GAN 还可以生成文本、语音、时间序列数据、关系数据、表格数据、连续事件日志数据、地理位置轨迹数据，等等。

2. GAN 是什么

GAN 是英文 Generative Adversarial Networks 的字首缩写，让我们先来看看这三个单词的含义。

(1) Generative(生成)一词表明模型的总体目的是创建新的数据。训练后的 GAN 能生成什么数据取决于训练数据集。例如，如果想让 GAN 生成看起来像达·芬奇画作的图像，就要使用达·芬奇的画作作为训练数据集。

(2) Adversarial(对抗)一词是指构成 GAN 框架的生成器和判别器这两个模型之间的动态博弈和竞争。生成器的目标是伪造与训练集的真实数据相似度高甚至无法区分的样本数据。例如，生成看起来像达·芬奇画作的假画。判别器的目标是将生成器伪造的虚假样本与来自训练数据集的真实样本区分开来。可以这样认为：判别器就像一位艺术专家，评估达·芬奇画作的真伪。两个网络一直在试图战胜对方，生成器在伪造数据方面做得越好越逼真，判别器就要在区分真实样本和虚假样本方面做得越出色。

(3) Networks(网络)一词表示实现生成器和判别器最常见的机器学习模型是神经网络。根据 GAN 实现的不同复杂程度，其可以是简单的全连接神经网络，也可以是卷积神经网络，甚至是更复杂的神经网络，如 U-Net 等。

尽管 GAN 背后的数学计算很复杂，但是，为了让大众更容易理解 GAN，可以用现实世界中的一些例子来类比。前文讨论过伪造画作的例子，伪造假画的生成器试图欺骗艺术专家判别器，伪造者制作的假画越逼真，艺术专家就必须越善于鉴别真伪。反之亦然，艺术专家越善于鉴别一幅画的真伪，伪造者就越需要提高自己的伪造能力。

"GAN 之父"伊恩·古德费罗喜欢用假钞的比喻来描述 GAN：伪造假钞的罪犯(生成器)和一个试图抓住他的侦探(判别器)之间的对抗，假钞看起来越像真的钞票，就要求侦探越有鉴别假钞的能力，反之亦然。

可以使用更专业的术语来描述 GAN：生成器的目标是能够捕获训练数据集的模式并伪造几乎能以假乱真的样本。可以认为生成器是一个反向的目标识别模型。一般的目标识别算法通过学习图像中的模式来识别图像内容，但生成器不再识别模式，而是学习从头开始创建模式。实际上，生成器的输入通常只是一个随机向量，常用 z 来表示。

生成器通过从判别器的分类结果中得到反馈进行学习。判别器的目标是确定一个特定的样本是否真实：如果样本来自训练数据集，就应判定为真；如果样本由生成器伪造，则应判定为假。因此，每次当判别器被欺骗，将伪造图像判定为真时，生成器就成功了。相反，每次当判别器正确地将生成器伪造的图像判定为假时，通过判别器的反馈，生成器就会知道自己还需要改进。

判别器也在不断改进，像普通分类器那样从预测标签与真实标签的差值(或损失)中学习。因此，随着生成器伪造的数据越来越逼真，判别器在鉴别数据的真实性方面也做得越来越好，两个网络在对抗中得到提升。

本书将深入研究使得上述一切成为可能的 GAN 算法。

1.1.2　PyTorch 介绍

PyTorch 框架是 Facebook 公司开发的广受欢迎的端到端深度学习平台之一，是一个用 Python、C++和 CUDA 语言编写的免费开源软件库，广泛用于语音识别、计算机视觉、自然语言处理等各种深度学习网络。PyTorch 主要提供两个高级功能：①具有强大 GPU 加速的类似 Numpy 的张量计算；②包含自动求导系统的深度神经网络。

PyTorch 的前身可追溯到 2002 年诞生于美国纽约大学的 Torch。Facebook 人工智能研究院(FAIR)团队于 2017 年 1 月在 GitHub 上开源了 PyTorch，并迅速占据 GitHub 热度榜榜首。PyTorch 是具有先进设计理念的框架，对 Tensor 之上的所有模块进行了重构，新增先进的自动求导系统，因此立刻引起广泛关注，并迅速在研究领域流行起来。

在开源框架领域，PyTorch 与 TensorFlow 之间的竞争一直存在，研究人员在写论文时也会有不同的偏向。但近年来，得益于 PyTorch 自身的一些优势，越来越多的学者偏向于选择 PyTorch，TensorFlow 的使用比例也因此逐渐下降。据 2024 年 4 月 6 日访问谷歌趋势 (google trends)得到的 PyTorch 与 TensorFlow 趋势对比，我们可以看到 PyTorch 占据明显优势，如图 1.2 所示。

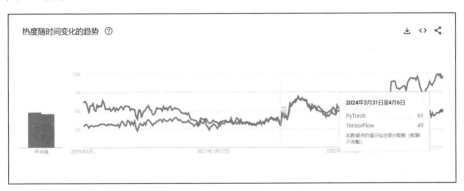

图 1.2　谷歌趋势的 PyTorch 与 TensorFlow 趋势对比

博文 *TensorFlow vs PyTorch: Deep Learning Frameworks*[2024]① 深度比较了 TensorFlow 和 PyTorch 的优缺点，并从性能、训练时间，以及内存使用、精度、调试、计算图定义多个

---

① 来源：https://www.knowledgehut.com/blog/data-science/pytorch-vs-tensorflow#difference-between%C2%A0 tensorflow%C2%A0and%C2%A0pytorch%C2%A0

方面综合比较两者，值得一读。

就框架本身来说，越来越多的研究者在论文中选择使用 PyTorch，其原因可能有以下三个。

第一，操作简单。PyTorch 的工作方式与 Numpy 类似，很容易融入 Python 的生态系统。Numpy 用户感到最为亲切的就是 PyTorch 非常容易调试，但在 TensorFlow 中调试模型非常麻烦。

第二，合理的 API。多数研究者更喜欢 PyTorch 的 API，部分原因是 PyTorch 的 API 设计更加合理，另一部分原因是 TensorFlow 的 API 非常复杂，既有低级 API，又有 Keras 和 Estimators 等高级 API。

第三，不错的性能。PyTorch 使用动态图，不容易优化，但有一些非正式报告称 PyTorch 在速度上不亚于 TensorFlow。公平而言，至少 TensorFlow 在速度上还没有取得绝对优势。

因此，如果不是多年习惯使用 TensorFlow 的老用户，选择使用 PyTorch 无疑是明智之举。

1.2　判别模型与生成模型

判别模型是机器学习最常见的模型，通常用于机器学习中的分类。例如，学习如何区分猫和狗两种类别，通常将这样的判别模型称为分类器。判别模型使用一组特征 x，从这些特征中确定图像中的动物类别是狗还是猫。换句话说，判别模型是在给定一组特征 x(毛色、眼睛、体态、是否伸舌头等)的情况下，试图对类别 y(猫还是狗)的概率进行建模。判别模型可用条件概率表示为 $P(y|x)$，意思是在 x 的条件下 y 的概率。

生成模型试图学习如何对某些类别进行逼真的表示。例如，取一些通常称为噪声 z 的随机值输入到生成模型，让生成模型生成猫或狗的照片。如果输入只有噪声，而没有类别 y，那么生成模型既可能生成一只猫，也可能生成一只狗，这称为无条件生成。如果输入还包括类别 y，比如指定类别是狗，那么生成模型必须生成一只狗的照片，这称为条件生成。条件生成可用条件概率表示为 $P(x|y)$，意思是在 y 的条件下 x 的概率。如果只要求生成模型生成一个类别，比如只使用全是狗的数据集，那就只会生成狗，也就不需要加上条件 y，只求特征 x 的概率即可，即 $P(x)$。

判别模型与生成模型对照如图 1.3 所示。其中，判别模型使用决策边界划分猫和狗，生成模型使用噪声 z 作为输入，输出猫或狗的照片。

为什么需要将噪声输入到生成模型？显然，只能生成固定的一只狗的模型意义不大。

增加随机噪声以后，生成模型就可以生成很多只不同种类、不同毛色、不同体型的狗，更具多样性。简单地说，生成模型试图捕捉 x 的概率分布，如眼神、体态、是否伸舌头、耳朵形状等不同的特征；噪声保证生成模型可以生成类别 y 的更真实且多样化的表示。

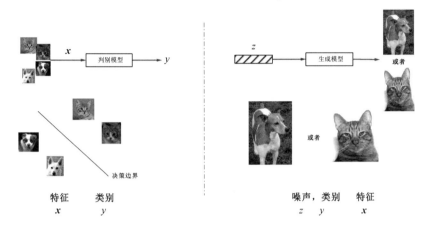

图 1.3　判别模型与生成模型对照

　　总之，生成模型通过学习来生成看起来很真实的样本，就像艺术家画出看起来很像真实照片的画作那样，可以认为生成模型是试图学习如何创造逼真艺术的艺术家；判别模型则是区分输入的不同类别，例如，区分猫和狗。当然，判别模型可以是生成模型的一个组件——判别器，其任务是判定输入样本的真伪。生成模型也有很多种，如变分自编码器(variational autoencoders)和扩散模型(diffusion models)。本书只专注于 GAN，感兴趣的读者可自行查阅相关文献。

1.3　GAN 架构介绍

　　生成对抗网络(GAN)是一种机器学习技术，由两个同时训练的网络模型组成：一个称为判别器(discriminator)，该模型用于从真假两种样本中识别出数据的真伪；另一个称为生成器(generator)，该模型用于生成虚假数据。

1.3.1　判别器

　　判别器是机器学习中的一种分类器，下面首先回顾分类器的基本原理，然后使用概率术语来表述分类器的学习建模过程，最后讲述如何将分类器转换为 GAN 判别器。

从机器学习的基础概念可知，分类器的目标是区分目标属性的不同类别，也就是分类。因此，给定若干手写数字的图片让分类器训练学习，分类器应该能够区分出某张照片是 5 还是其他数字，如图 1.4 所示。

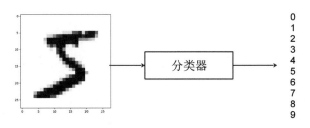

图 1.4　分类器的功能

分类器并不限于图像分类，它还可以将文本、语音等其他数据分类。

例如，分类器的输入为手写数字 5，像素为 x_1，x_2，$\cdots$，x_d，一共有 d 个不同的特征，如 MNIST 数据集的 d=28×28=784。分类器通过一系列非线性运算，输出各个类别的概率。开始时，模型可能不知道如何正确分类，但是它会不断学习，根据数据中的真实标签来改进预测，提升预测性能。图 1.4 中分类器认定输入图像为 5 的概率为 0.85，为 4 的概率为 0.05，为 6 的概率为 0.10，如图 1.5 所示。

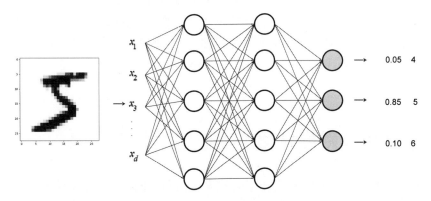

图 1.5　分类器进行图像分类

假如输入特征为 x，类别标签为 y 模型。使用神经网络来接收这些特征时，预测输出为 $h(x;\theta)$，用代价函数 $J(\theta)$ 计算 $h(x;\theta)$ 与标签 y 之差，再根据代价函数进行反向传播，可使用梯度下降等优化算法优化网络参数 θ，如图 1.6 所示。

一般可以将分类器建模为条件概率模型，给定特征输入 x 以后，求标签 y 的概率，公式如下(对于手写数字识别的例子，就是给定一张数字 5 的图像，要求分类器判断该数字是几)：

$$P(y \mid \boldsymbol{x}) \tag{1.1}$$

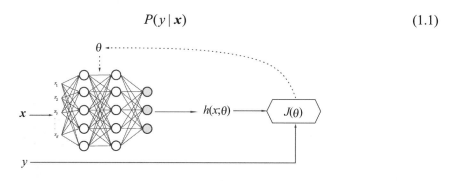

图 1.6　分类器的训练

　　这就是在给定输入特征 $\boldsymbol{x}$ 的情况下对类别 y 的概率进行建模，特征是从图像中提取的像素。因为是在特定特征集的条件下预测类别 y 的概率，所以公式中有一条竖线，说明是一个条件概率分布。

　　GAN 判别器是一种分类器，但一般输出的不是多种类别，而是只有两种，所以可以将这样的分类器称为二元分类器。在图 1.7 中，输入一个数字后，不是像一般分类器那样要求判断这张图像中的数字到底是哪一个，而是要求判断这张图像是不是真的手写数字，这里判别器判定 80%是假的。用概率的术语来说，判别器是对给定一组输入样本 $\boldsymbol{x}$ 的真假概率进行建模。

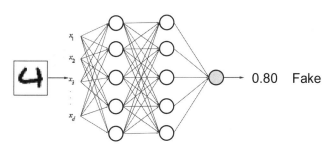

图 1.7　判别器判断示例

　　总之，判别器是一种分类器，在给定一组输入特征 $\boldsymbol{x}$ 的情况下，学习对样本的真假概率进行建模。判别器的输出概率能帮助生成器学习，以便生成更难以分辨真伪的样本。

1.3.2　生成器

　　生成器是 GAN 的核心，它是一个用于生成伪造样本的模型，是应该花时间和精力去改进的网络，这样才能在训练过程结束后获取高性能的输出。下面将重新审视生成器的用途，并讲述如何提高其性能。

生成器的最终目标是能够生成某个特定类别的样本。因此，如果从手写数字的若干图片来训练生成器，那么生成器会进行计算并输出一张看起来很像手写数字的图片，如图 1.8 所示。

图 1.8　生成器生成示例

一般来说，不希望生成器在每次运行时都输出同一个数字。为了确保每次都能生成不同样本，需要输入不同的随机数，通常称为噪声向量。噪声向量是由一组随机数值组成的向量，一般作为生成器的输入，有时也将类别 y 输入到生成器网络。生成器网络对这些输入进行一系列的非线性计算，最终输出一张手写数字的图像。每个输出单元代表每个像素点的值，本例的输出单元数为 784，更高分辨率的例子甚至会输出高达几百万像素的图像。

不同的噪声向量会输出不同的数字，即便数字相同，其形状也可能不同。图 1.9 展示了噪声 z 可能让生成器生成的数字。

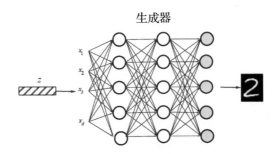

图 1.9　生成器输出示例

现在从概念上考虑如何通过训练来改进生成器，这就是如图 1.10 所示的生成器学习。其过程是：首先将噪声向量 z 输入到生成器网络，用于产生一组特征，这些特征可以构成手写数字图像。然后将这些特征输入到判别器网络中，判别器对它进行检查来确定其真假程度。基本上，生成器希望判别器的输出尽可能接近 1，也就是认定为真；而判别器试图让输出等于 0，也就是认定为假。可以计算一个代价函数来更新生成器的网络参数，使得生成器随着更多次的训练而得到改进，从而欺骗判别器。

如果得到性能不错的生成器，就可以保存生成器的网络参数。将来需要时，可以重新加载网络参数，避免费时的训练过程，并使用新的噪声向量输入到保存的生成器中，以生成更多的样本。

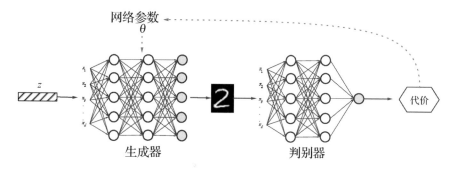

图 1.10　生成器学习

一般可以将条件生成器建模为条件概率，即给定类别标签 y 以后，求特征输出 $\boldsymbol{x}$ 的概率，公式如下(例如，指定生成器必须生成数字 6)：

$$P(\boldsymbol{x}\,|\,y) \tag{1.2}$$

如果有生成全部不同手写数字的 $P(\boldsymbol{x})$ 生成器，那么就可以在没有任何附加条件的情况下对特征 $\boldsymbol{x}$ 的概率进行建模，这是由于类别 y 总是 0～9 范围内的手写数字，因此没有必要建模为条件概率。在这种情况下，生成器会尝试近似手写数字的真实分布，在数据集中，常见的数字会有更多的机会被生成器生成。公式如下：

$$P(\boldsymbol{x}) \tag{1.3}$$

综上所述，生成器通过学习来模仿数据集中特征 $\boldsymbol{x}$ 的分布，试图生成看起来好像是真实的虚假数据。将噪声向量输入到生成器，是为了生成多样性的输出。

1.3.3　损失函数

损失函数(loss function)也称为代价函数(cost function)，一般不对二者加以区分。通常使用二元交叉熵(binary cross entropy，BCE)函数来训练 GAN，该损失函数专门用于二元分类任务，其目标属性只有真和假两种类别，通常用 1 和 0 来表示。

完整的 BCE 代价函数 $J(\boldsymbol{\theta})$ 用公式表示为

$$J(\boldsymbol{\theta}) = -\frac{1}{N}\left[\sum_{i=1}^{N} y^{(i)}\log(h(\boldsymbol{x}^{(i)};\boldsymbol{\theta})) + (1-y^{(i)})\log(1-h(\boldsymbol{x}^{(i)};\boldsymbol{\theta}))\right] \tag{1.4}$$

其中，N 为样本数，log 表示自然对数，上标 i 表示第 i 个样本，$\boldsymbol{\theta}$ 表示模型参数，$h(\boldsymbol{x}^{(i)};\boldsymbol{\theta})$ 表示模型的参数为 $\boldsymbol{\theta}$ 且输入为 $\boldsymbol{x}^{(i)}$ 时的预测输出。尽管数学中常用 ln 表示自然对数，但由于

包括 PyTorch 在内的很多软件都把 log 作为求自然对数的函数名，且很多机器学习领域的书籍也这样用，因此本书沿用这个习惯，不再赘述。

BCE 代价函数看起来可能有点复杂，下面分解算式的每个部分，让读者能直观地了解它背后的原理。

为了简化，先不考虑多个样本的情况，只考虑一个样本 $\boldsymbol{x}$。分类模型错分样本 $\boldsymbol{x}$ 的代价常使用负对数似然代价函数表示，定义为

$$cost(h(\boldsymbol{x};\boldsymbol{\theta}),y) = \begin{cases} -\log(h(\boldsymbol{x};\boldsymbol{\theta})), & y=1 \\ -\log(1-h(\boldsymbol{x};\boldsymbol{\theta})), & y=0 \end{cases} \tag{1.5}$$

$h(\boldsymbol{x};\boldsymbol{\theta})$ 与 $cost(h(\boldsymbol{x};\boldsymbol{\theta}),y)$ 之间的函数关系可用图 1.11 表示，该图由脚本 plot_bce_cost.py 绘制。

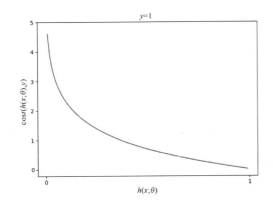
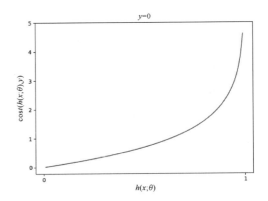

图 1.11　真实类别标签 y 取不同值时的代价

$cost(h(\boldsymbol{x};\boldsymbol{\theta}),y)$ 的特性是：当真实标签 y 为 1 时，如果假设 $h(\boldsymbol{x};\boldsymbol{\theta})$ 也为 1，则代价为 0，否则代价随着 $h(\boldsymbol{x};\boldsymbol{\theta})$ 的减小而增大。当真实标签 y 为 0 时，如果假设 $h(\boldsymbol{x};\boldsymbol{\theta})$ 也为 0，则代价为 0，否则代价随着 $h(\boldsymbol{x};\boldsymbol{\theta})$ 的增大而增大。

由于 y 只有两种取值——0 或 1，因此可将公式 1.5 合写为

$$cost(h(\boldsymbol{x};\boldsymbol{\theta}),y) = -y\log(h(\boldsymbol{x};\boldsymbol{\theta})) - (1-y)\log(1-h(\boldsymbol{x};\boldsymbol{\theta})) \tag{1.6}$$

BCE 代价函数 $J(\boldsymbol{\theta})$ 就是 N 个样本的代价的均值，用公式 1.4 表示。可以看到，BCE 代价函数 $J(\boldsymbol{\theta})$ 由两项相加组成，每项都与其类别值相关。无论哪一项的预测标签与真实标签相近，BCE 代价都接近 0；反之，当它们的差距加大时，BCE 代价趋近无穷大。BCE 代价在小批量的几个样本中计算时，假设批量大小为 N，BCE 代价就是 N 个样本代价的均值。

除 BCE 代价函数外，还可以使用其他代价函数。例如，第 2 章的 1001 模式，GAN 采

用均方误差(mean-square error，MSE)损失函数，均方误差用公式表示如下：

$$J(\boldsymbol{\theta})=\frac{1}{N}\sum_{i=1}^{N}(h(x^{(i)};\boldsymbol{\theta})-y^{(i)})^2 \tag{1.7}$$

由于有判别器和生成器两个网络，只使用一个 θ 来表示网络参数不够用，因此可能需要用 θ_d 和 θ_g 来表示，并且很多时候还使用值函数 $V(G,D)$ 来替换代价函数 $J(\boldsymbol{\theta})$。公式 1.8 可表示判别器 D 和生成器 G 通过值函数进行极大极小博弈(minimax game)。

$$\min_{G}\max_{D}V(D,G)=\mathbb{E}_{x\sim p_{\text{data}}(x)}(\log D(x))+\mathbb{E}_{z\sim p_z(z)}(\log(1-D(G(z)))) \tag{1.8}$$

其中，$p_{\text{data}}(x)$ 为数据 x 的分布，$p_z(z)$ 为噪声向量分布。

一般通过训练 D 来极大化正确预测真实训练样本和来自 G 的伪造样本的标签的概率，同时训练 G 来极小化 $\log(1-D(G(z)))$。

1.3.4　GAN 完整架构

了解 GAN 原理及其组成网络模型以后，再仔细研究一下如图 1.12 所示的 GAN 系统，该系统由生成器和判别器组成，其目标是让 GAN 通过学习来生成手写数字图像。

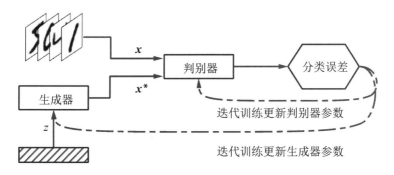

图 1.12　生成手写数字的 GAN 系统

图 1.12 中的一些术语解释如下。

- 训练数据 x：期望生成器通过学习来模拟这些真实样本的数据集，最终能伪造出真假难辨的样本。本例中的数据集由手写数字的图像组成，作为判别器网络的输入 x。
- 随机噪声向量 z：生成器网络的原始输入，是一个随机向量，生成器使用它来伪造多样性的虚假样本。
- 生成器：生成器 G 接收随机向量 z 作为输入并输出虚假样本 x^*，其目标是使生成的虚假样本与训练数据集中的真实样本难以区分。

- 判别器：判别器 D 使用来自训练集的真实样本 x 以及生成器生成的虚假样本 $x*$ 作为输入。对于每个样本，无论真假，判别器都要进行判定并输出样本为真的概率。
- 迭代训练：对于判别器的每一个预测，都要像一般分类器那样确定其预测值与真实值的接近程度，并通过反向传播迭代调整判别器和生成器的网络参数。具体地说，更新判别器的权重参数使得能够极大化其分类准确率，即极大化正确预测 x 为真和 $x*$ 为假的概率。更新生成器的权重参数使得能够极大化判别器将 $x*$ 误判为真的概率。

初步了解 GAN 各个组件的用途后，需要给出 GAN 训练算法伪代码，以便更好地理解训练过程。

算法 1.1	GAN 训练算法伪代码

For 每次训练迭代 **do**
    按如下步骤训练判别器：
        a 从训练数据集中随机取一个真实样本 x
        b 获取一个新的随机噪声向量 z，输入到生成器网络以输出一个虚假样本 $x*$
        c 使用判别器网络对 x 和 $x*$ 进行分类
        d 计算分类误差并反向传播以更新判别器的网络参数，目标是极小化分类误差
    按如下步骤训练生成器：
        a 获取一个新的随机噪声向量 z，输入到生成器网络以输出一个虚假样本 $x*$
        b 使用判别器网络对 $x*$ 进行分类
        c 计算分类误差并反向传播以更新生成器的网络参数，目标是极大化判别器的误差
End for

现在，我们想知道什么时候可以停止 GAN 训练，以便节省计算资源。

对于一个常规的神经网络，通常有一个明确的目标来进行模型评估。例如，在训练分类器时，需定时评估模型在训练集和验证集上的分类误差，当验证误差开始变得更糟时，停止训练以避免过拟合，这称为早停法(early stopping)。那么怎样确定 GAN 的适当训练迭代次数呢？显然生成器和判别器这两个网络是相互竞争的关系，当一个网络变得更好时，另一个网络就会变得更差。这实际上就是一种零和博弈，存在纳什均衡(Nash equilibrium)，即博弈双方都无法通过改变行动来改善自己的处境或收益。

当满足以下两个条件时，GAN 达到纳什均衡：

- 无法区分生成器生成的伪造样本与训练数据集中的真实样本。
- 判别器只能随机猜测某个特定样本的真伪。

当每个伪造样本 $x*$ 与来自训练数据集的真实样本 x 无法区分时，判别器无法做得更好。因为输入到判别器的样本中有一半是真的，一半是假的，所以判别器只能靠抛硬币来以 50%

的概率判定每个样本的真假。生成器同样处于无法从进一步调优中获得任何收益的状态，因为其伪造的样本已经与真实样本无法区分，即便对生成器网络进行非常微小的改变，也可能让判别器学会如何判别真假样本，从而使生成器的性能变坏。

达到平衡后的 GAN 称为收敛，但在实践中，几乎不可能找到 GAN 的纳什均衡。幸运的是，这并没有阻碍 GAN 的研究和创新应用。即便缺乏严格的数学保证，GAN 在很多领域也取得了显著成果。

1.4　常用数据集

为了便于评估 GAN 算法的性能，本书使用一些公开的数据集，下面对经常使用的数据集进行说明。

1.4.1　MNIST 数据集

MNIST(Modified National Institute of Standards and Technology)数据集是一个著名的手写体数据集，用于识别手写数字字符图像算法的性能评估。该数据集由纽约大学柯朗研究所(Courant Institute，NYU)的研究员 Yann LeCun、Google 纽约实验室(Google Labs，New York)的 Corinna Cortes 和微软研究院(Microsoft Research，Redmond)的 Christopher J. C. Burges 共同创立，网址为 http://yann.lecun.com/exdb/mnist/。在该网址可以下载样本数为 60 000 的训练集和样本数为 10 000 的测试集，训练集有 train-images.idx3-ubyte 和 train-labels.idx1-ubyte 两个文件，测试集有 t10k-images.idx3-ubyte 和 t10k-labels.idx1-ubyte 两个文件，后缀为 idx3-ubyte 的文件是字符图像文件，后缀为 idx1-ubyte 的文件是类别标签，这两者都是自定义格式的文件，原网址有文件格式说明。每个字符图像尺寸为 28×28(默认单位为像素，后同)，每个像素用一个字节(取值范围为 0~255)表示，标签为数字 0~9。

要说明的是，MNIST 数据集已经内置于 torchvision.datasets 模块中，使用 torchvision.datasets.MNIST 类就可以下载和加载，用不着直接去 MNIST 官网下载原始数据集并解析。当然，编码实现下载与解析功能对自己也是一个很好的锻炼。加载 MNIST 数据集的部分代码如代码 1.1 所示。其中，参数 root 指定数据集的存放路径；参数 train 设置为 True 说明导入的是训练集，否则为测试集；参数 download 指定是否在必要时从网络下载数据集；参数 transform 指定加载数据集时需要进行的变换操作。加载后的训练集存放在变量 train_set 中，测试集存放在变量 test_set 中。

代码 1.1 | 加载 MNIST 数据集

```
# 加载数据集
train_set = datasets.MNIST(root='../datasets/', train=True,
                           download=True, transform=None)
test_set = datasets.MNIST(root='../datasets/', train=False,
                          download=True, transform=None)
```

脚本 mnist_dataset.py 实现了加载 MNIST 数据集并绘制部分字符的功能，手写字符 5 和前 100 个手写字符如图 1.13 和图 1.14 所示。

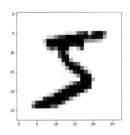

图 1.13　手写字符 5

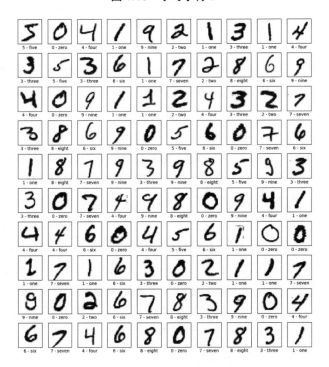

图 1.14　前 100 个手写字符

1.4.2　Fashion-MNIST 数据集

Fashion-MNIST 数据集是一个服装图片库，用于替代 MNIST 手写数字集。Fashion-MNIST 的图片大小、训练样本数、测试样本数以及类别数与经典 MNIST 完全相同，网址为 https://github.com/zalandoresearch/fashion-mnist。Fashion-MNIST 数据集是由 Zalando (一家德国的时尚科技公司)旗下的研究部门提供，包含了来自 10 种类别的共 7 万张不同商品的正面图片，图像尺寸为 28×28，图片种类如表 1.1 所示。

表 1.1　Fashion_MNIST 的图片种类

描　述	标　签
T-shirt/top(T 恤)	0
Trouser(裤子)	1
Pullover(套头衫)	2
Dress(连衣裙)	3
Coat(外套)	4
Sandal(凉鞋)	5
Shirt(衬衫)	6
Sneaker(运动鞋)	7
Bag(包)	8
Ankle boot(靴子)	9

用户可以自己编写程序实现对 Fashion-MNIST 数据集的下载和解析。由于 Fashion-MNIST 数据集已经内置于 torchvision.datasets 模块中，因此使用 torchvision.datasets.FashionMNIST 类来下载并加载 Fashion-MNIST 数据集更为简单，部分代码如代码 1.2 所示。加载后的训练集存放在变量 train_images 和 train_labels 中，测试集存放在变量 test_images 和 test_labels 中。

代码 1.2　加载 Fashion_MNIST 数据集

```
# 加载数据集
mnist_train = torchvision.datasets.FashionMNIST(root='../datasets/',
train=True, download=False, transform=transforms.ToTensor())
mnist_test = torchvision.datasets.FashionMNIST(root='../datasets/',
train=False, download=False, transform=transforms.ToTensor())
train_images, train_labels = mnist_train.data, mnist_train.targets
test_images, test_labels = mnist_test.data, mnist_test.targets
```

脚本 fashion_mnist_dataset.py 实现了加载 MNIST 数据集并绘制部分样本图像的功能，
Fashion-MNIST 样本示例和前 100 个 Fashion-MNIST 样本如图 1.15 和图 1.16 所示。

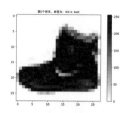

图 1.15　Fashion-MNIST 样本示例

图 1.16　前 100 个 Fashion-MNIST 样本

1.4.3　CIFAR-10 数据集

CIFAR-10 数据集由多伦多大学的 Alex Krizhevsky、Vinod Nair 和 Geoffrey Hinton 收集，

网址为 https://www.cs.toronto.edu/～kriz/cifar.html。该数据集由 10 个类别的共 60 000 张 32×32 的彩色图像组成，每个类别都有 6 000 张图像，共有 50 000 张训练图像和 10 000 张测试图像。CIFAR-10 的图像种类如表 1.2 所示。

表 1.2　CIFAR-10 的图像种类

描　述	标　签
airplane(飞机)	0
automobile(汽车)	1
bird(鸟)	2
cat(猫)	3
deer(鹿)	4
dog(狗)	5
frog(蛙)	6
horse(马)	7
ship(船)	8
truck(卡车)	9

　　CIFAR-10 数据集分为 5 个训练批次和 1 个测试批次，每个批次有 10 000 张图像。测试批次包含每个类别的 1 000 张随机选择的图像。训练批次以随机顺序包含剩余图像，但一些训练批次可能包含某个类别的图像比另一个类别的更多一些。5 个训练批次总共包含每个类别 5 000 张图像。用户可以自己编码实现对 CIFAR-10 数据集的下载和解析。

　　CIFAR-10 数据集已经内置在 torchvision.datasets 模块中，使用 datasets.cifar.CIFAR10 就可以下载并加载。加载 CIFAR-10 数据集的部分代码如代码 1.3 所示。加载后的训练集存放在变量 train_images 和 train_labels 中，测试集存放在变量 test_images 和 test_labels 中。

代码 1.3　加载 CIFAR-10 数据集

```
# 加载数据集
cifar10_train = torchvision.datasets.cifar.CIFAR10
(root='../datasets/CIFAR10',train=True,download=False,transform=transforms.
ToTensor()) train_images,train_labels = cifar10_train.data,cifar10_train.targets
cifar10_test = torchvision.datasets.cifar.CIFAR10(root='../datasets/CIFAR10',
train=False,download=False, transform=transforms.ToTensor()) test_images,
test_labels = cifar10_test.data, cifar10_test.targets
```

　　完整代码请参见 cifar10_dataset.py 程序。图 1.17 是一个 CIFAR-10 样本，这是一只蛙的 32×32 图像，很模糊。

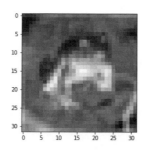

图 1.17 CIFAR-10 样本示例

图 1.18 显示了前 100 张 CIFAR-10 图像，每张图像下面是图像所属类别的英文说明。

图 1.18 前 100 张 CIFAR-10 图像

1.4.4　CelebA 数据集

CelebA(Celeb Faces Attribute，名人人脸属性)数据集是香港中文大学多媒体实验室刘子纬 (Ziwei Liu)等人开发的，官方网址为 https://mmlab.ie.cuhk.edu.hk/projects/CelebA.html。 CelebA 数据集是一个大规模人脸属性数据集，该数据集中的图像覆盖大的姿态变化和背景 杂波。CelebA 数据集的种类多、数量大、注释丰富，包含 1 万多个名人身份，有 20 多万张 人脸图片，每张图片都已做好特征标记，包含 5 个人脸特征点坐标以及 40 个属性标记。 CelebA 数据集广泛用于与人脸相关的计算机视觉训练任务，如人脸属性标识、人脸检测、人 脸特征点标记，以及人脸编辑与合成。有关该数据集的更多细节，请参阅论文 *Deep Learning Face Attributes in the Wild*(网址为 https://liuziwei7.github.io/projects/FaceAttributes.html)。该数 据集可通过百度网盘下载，网址为 http://pan.baidu.com/s/1eSNpdRG。

在 CelebA 数据集中，In-The-Wild Images 是从网络爬取的未经任何处理的人脸图像， Align&Cropped Images 是经过人脸对齐和裁剪的图像，Bounding Box Annotations 是人脸标 注框坐标注释文件，Landmarks Annotations 是 5 个人脸特征点坐标标记文件，Attributes Annotations 是 40 个属性标记文件。一般可选择经过人脸对齐和裁剪的图像文件，下载 img_align_celeba.zip 文件并解压缩。

CelebA 数据集已经内置在 torchvision.datasets 模块中，使用 datasets.CelebA 就可以下载 并加载。由于数据集较大，通常先下载解压，然后使用 datasets.ImageFolder 加载图像文件。 加载代码如代码 1.4 所示。

代码 1.4　加载 CelebA 数据集

```
# 图像转换
my_transform = transforms.Compose([
    transforms.Resize(IMG_SIZE),
    transforms.CenterCrop(IMG_SIZE),
    transforms.ToTensor(),
    transforms.Normalize((0.5, 0.5, 0.5), (0.5, 0.5, 0.5)),
])

# 加载数据集
dataset = datasets.ImageFolder(root=DATAROOT, transform=my_transform)
dataloader = DataLoader(dataset, batch_size=BATCH_SIZE, shuffle=True,
            num_workers=WORKS)
```

完整代码请参见 celeba_dataset.py 程序。图 1.19 是 64 张 CelebA 数据集人脸图像，每张 照片的尺寸为 178×218，人物神态姿势各异，展现出丰富的多样性。

图 1.19　CelebA 数据集人脸图像

1.4.5　Pix2Pix 数据集

Pix2Pix 由多个数据集组成，这些数据集可以在网址 http://efrosgans.eecs.berkeley.edu/pix2pix/datasets/中找到并下载。

- facades 数据集：包含来自 CMP Facades 数据集(http://cmp.felk.cvut.cz/～tylecr1/facade) 的 400 张图像。
- cityscapes 数据集：包含来自 cityscapes 训练集(https://www.cityscapes-dataset.com/)的 2 975 张图像。
- maps 数据集：包含来自谷歌地图(Google Maps)的 1 096 张图像。
- edges2shoes 数据集：包含来自 UT Zappos50k 数据集(http://vision.cs.utexas.edu/projects/finegrained/utzap50k)的 50 0000 张训练图像，边缘使用 HED(https://github.com/s9xie/hed)边缘检测器计算得到，且经过后处理。
- edges2handbags 数据集：包含来自 iGAN 项目(https://github.com/junyanz/iGAN)的 137 000 张亚马逊手提袋图像。边缘使用 HED(https://github.com/s9xie/hed)边缘检测器经计算得到，且经过后处理。
- night2day 数据集：包含来自 Transient Attributes 数据集(http://transattr.cs.brown.edu/)的约 20 000 张自然场景图像。

限于篇幅，下面以 cityscapes 数据集为例说明如何加载 Pix2Pix 数据集。cityscapes 数据集中文称为城市景观数据集，共包含 5 000 张在城市环境中驾驶场景的图像，其中训练集为 2 975 张，验证集为 500 张，测试集为 1 525 张。Pix2Pix 数据集未包含 cityscapes 测试集。

cityscapes 图像的尺寸为 512×256，街景图与对应蒙版横向拼接在一起，如图 1.20 所示，因此使用时需要将一张图像分割为两张 256×256 的图像。

图 1.20　cityscapes 图像格式

代码 1.5 是编写的 Pix2Pix 数据集类代码，主要功能是将 Pix2Pix 数据集图像文件的左右两部分分开，构成数据集样本，其中的 __getitem__() 函数用于实现这个功能。

代码 1.5　**Pix2Pix 数据集类**

```
class ImgDataset(Dataset):
    """ 将 Pix2Pix 数据集图像文件的左右两部分分开，构成数据集样本 """

    def __init__(self, root_dir, img_width=IMAGE_SIZE):
        self.root_dir = root_dir
        self.img_width = img_width
        self.list_files = os.listdir(self.root_dir)

    def __len__(self):
        return len(self.list_files)

    def __getitem__(self, index):
        img_file = self.list_files[index]
        img_path = os.path.join(self.root_dir, img_file)
        img = np.asarray(Image.open(img_path))
        # 将图像的左右两部分分开
        input_img = img[:, : self.img_width, :]
        target_img = img[:, self.img_width:, :]

        input_img = Image.fromarray(input_img)
        target_img = Image.fromarray(target_img)
        to_tensor = transforms.ToTensor()
```

```
input_img = to_tensor(input_img)
target_img = to_tensor(target_img)

return input_img, target_img
```

完整代码请参见 pix2pix_dataset.py 程序。图 1.21 和图 1.22 分别是 5 张 cityscapes 数据集街道场景图和对应蒙版。

图 1.21　cityscapes 数据集街道场景图

图 1.22　cityscapes 数据集街道场景图对应蒙版

1.4.6　CycleGAN 数据集

CycleGAN 数据集由多个数据集组成，这些数据集可以在网址 http://efrosgans.eecs.berkeley.edu/cyclegan/datasets/中找到并下载。

- facades 数据集：包含来自 CMP Facades 数据集 (http://cmp.felk.cvut.cz/～tylecr1/facade) 的 400 张图像。

- cityscapes 数据集：包含来自 cityscapes 训练集(https://www.cityscapes-dataset.com/) 的 2 975 张图像。

- maps 数据集：包含来自谷歌地图(Google Maps)的 1 096 张图像。

- horse2zebra 数据集：包含从 ImageNet(http://www.image-net.org/)使用关键字 wild horse 和 zebra 搜索下载的 939 张马的图像和 1 177 张斑马的图像。

- apple2orange 数据集：包含从 ImageNet(http://www.image-net.org/)使用关键字 apple 和 navel orange 搜索下载的 996 张苹果的图像和 1 020 张橙子的图像。

- summer2winter_yosemite 数据集：包含使用 Flickr API 下载的 1 273 张约塞米蒂国

家公园(Yosemite)夏天图像和 854 张冬天图像。

- monet2photo、vangogh2photo、ukiyoe2photo、cezanne2photo 数据集：从 Wikiart (https://www.wikiart.org/)下载的艺术画作。真实的照片是从 Flickr 使用标签 landscape 和 landscapephotography 组合搜索下载的。训练集的每个类别中，莫奈 (Monet)有 1 074 张，塞尚(Cezanne)有 584 张，凡·高(Van Gogh)有 401 张，浮世 绘(Ukiyo-e)有 1 433 张，另有照片 6 853 张。
- iphone2dslr_flower 数据集：训练集的两种类别中，iPhone 有 1 813 张，DSLR 有 3 316 张。两种照片都从 Flickr 下载。

下面以 horse2zebra 为例说明如何加载 CycleGAN 数据集。horse2zebra 数据集分为如 图 1.23 所示的 4 个文件夹，其中，文件夹 trainA 和 testA 分别有 1 067 张和 120 张马的图像，文件夹 trainB 和 testB 分别有 1 334①张和 140 张斑马的图像。每张图像都已经过后处理，成为统一的 256×256 图像。

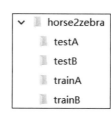

图 1.23　horse2zebra 数据集文件结构

代码 1.6 是 CycleGAN 的数据集类。由于 a 类别与 b 类别的图像数量不一定相同，因此数据集长度 self.length 取两者最长的值。__getitem__()函数实现读取 a 类别和 b 类别的一张图像，这里不想对图像进行更多的变换，因此只使用 transforms.ToTensor()将 PIL 图像转换为张量，且将像素值除以 255 进行归一化。

代码 1.6　**CycleGAN 数据集类**

```
class ImageDataset(Dataset):
    def __init__(self, root_a, root_b):
        self.root_a = root_a
        self.root_b = root_b

        self.a_images = os.listdir(root_a)
        self.b_images = os.listdir(root_b)
        self.length = max(len(self.a_images), len(self.b_images))
        self.a_len = len(self.a_images)
```

---

① 由于经过后处理，因此，这里的图像张数与前文稍有区别。

```
        self.b_len = len(self.b_images)

    def __len__(self):
        return self.length

    def __getitem__(self, index):
        a_img = self.a_images[index % self.a_len]
        b_img = self.b_images[index % self.b_len]

        a_path = os.path.join(self.root_a, a_img)
        b_path = os.path.join(self.root_b, b_img)

        a_img = np.array(Image.open(a_path).convert("RGB"))
        b_img = np.array(Image.open(b_path).convert("RGB"))

        to_tensor = transforms.ToTensor()
        a_img = to_tensor(a_img)
        b_img = to_tensor(b_img)

        return a_img, b_img
```

完整代码请参见 cyclegan_dataset.py 程序。图 1.24 和图 1.25 所示分别是 horse2zebra 数据集的 5 张斑马图像和 5 张马图像。

图 1.24　horse2zebra 数据集的斑马图像

图 1.25　horse2zebra 数据集的马图像

習　題

1.1　简述生成模型和判别模型的区别。

1.2　查阅资料，对比 PyTorch 与 TensorFlow 的优缺点。

1.3　什么是生成模型？它与判别模型有什么区别？

1.4　简述 GAN 架构。

1.5　简述生成器和判别器的功能。

1.6　了解 MNIST 数据集和 Fashion-MNIST 数据集。

1.7　了解 CIFAR-10 数据集和 CIFAR-100 数据集。

1.8　查看 CelebA 数据集的官方网站，了解数据集的细节。

1.9　修改 pix2pix_dataset.py 程序，加载其他的 Pix2Pix 数据集并查看效果。

1.10　修改 cyclegan_dataset.py 程序，加载其他的 CycleGAN 数据集并查看效果。

第 2 章

简单全连接 GAN

全连接网络是最简单的神经网络，使用这样简单的网络初衷是可以抛开深度网络的复杂结构，专注于生成对抗网络的实现。

本章介绍如何使用一个简单的全连接 GAN 结构来生成一个 1001 模式的数据和 MNIST 手写字符，然后分析简单全连接 GAN 的缺点。

2.1 生成 1001 模式的 GAN

本节介绍一个简单全连接 GAN，并使用一个全连接网络构成的生成器来学习如何生成 1001 模式的数据。本任务生成 4 位二进制数据，比生成一张图像要简单得多，但可以通过这个任务来了解 GAN 的基本代码框架，并可视化生成的数据。这个简单任务可为将来生成图像的较复杂任务做技术铺垫。

本任务对算力要求较低，因此不使用 GPU 加速，只使用 CPU 就可以完成模型训练。

2.1.1 1001 模式 GAN 架构

先设计一个如图 2.1 所示的对抗神经网络架构。从真实数据集可以一直获得 1001 模式的数据，既可以直接使用 PyTorch 的 torch.utils.data.Dataset 类来实现，也可以自己简单地编写一个函数来实现。生成器可以使用一个简单两层全连接神经网络来实现，有 1 个随机输入值 z 和 4 个输出值 $x*$。我们希望通过生成器和判别器的反复博弈对抗训练，生成器能够输出 1001 模式的数据，而判别器可以判断出输入的 4 个值到底是来自真实数据 x 还是来自生成器的虚假数据 $x*$。

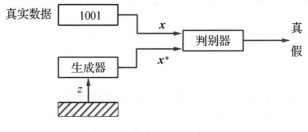

图 2.1　简单 GAN 的架构

2.1.2 数据源

获取真实数据集样本的实现如代码 2.1 所示。由于这是一个功能简单的数据源，没有必要使用 PyTorch 的 DataSet 类，而是直接使用一个函数来简单实现。这个 get_real_sample() 函数会调用 random.uniform() 函数分别产生 0.8～1.0 范围的随机数和 0.0～0.2 范围的随机数，分别代表 1 和 0，这样产生的 4 个数值就是添加一些随机性的 1001。

代码 2.1　获取真实数据样本的函数

```
def get_real_sample():
    """ 获取一个 1001 模式的真实数据样本 """
    real_data = torch.FloatTensor(
        [random.uniform(0.8, 1.0),
         random.uniform(0.0, 0.2),
         random.uniform(0.0, 0.2),
         random.uniform(0.8, 1.0)])
    return real_data
```

按照类似的方法，编写一个获取随机虚假数据样本的函数，如代码 2.2 所示。这个 get_fake_sample()函数会直接调用 torch.rand(size)函数，产生一个形状为 size 参数指定的从区间[0, 1)均匀分布中抽样得到的随机数。因为该随机数不一定满足 1001 模式，所以是虚假数据样本。

代码 2.2　获取随机虚假数据样本的函数

```
def get_fake_sample(size=4):
    """ 获取一个随机的虚假数据样本 """
    fake_data = torch.rand(size)
    return fake_data
```

梯度下降法是机器学习中较常用的优化算法，通常可分为三种形式：①上面的两个函数每次都只能获取到一个数据样本，直接根据这个样本就来优化网络参数，称为随机梯度下降(Stochastic Gradient Descent，SGD)；②如果每次优化都要用到整个数据集，也就是在每一次迭代中都要使用全部样本来优化网络参数，称为批量梯度下降(Batch Gradient Descent，BGD)；③介于 SGD 和 BGD 的是小批量梯度下降(Mini-Batch Gradient Descent，MBGD)，其特点是每次优化只需要用到一小批量(mini-batch)样本，小批量的样本数量可用批大小(batch size)来指定，一般取值为 2 的整数次方，如 16、32、64 等。

2.1.3　判别器网络实现

判别器是一个继承自 nn.Module 的神经网络，初始化方法__init__()通过 nn.Sequential 定义了两层全连接网络，每层都使用 Sigmoid 激活函数。具体地说，由于输入是 4 个值，所以其输入层有 4 个神经元(这里输入神经元个数使用常量 IM_DIM 定义)；最后一层输出层输出单个值，因此输出神经元的个数为 1，取值可为 1 和 0，分别表示真和假。隐藏层神经元个数由常量 HID_DIM 定义，本例设为 8(用户可以修改为其他值，以观察其对性能的影响)。

由于判别器类继承自 nn.Module，前向传播方法 forward()可直接调用所定义的两层网络模型，输入数据 *x* 并返回网络输出。

判别器类的实现代码非常简单，如代码 2.3 所示。

代码 2.3　判别器类

```python
class Discriminator(nn.Module):
    """ 判别器 """

    def __init__(self, im_dim=IM_DIM, hidden_dim=HID_DIM):
        super().__init__()
        self.disc = nn.Sequential(
            nn.Linear(im_dim, hidden_dim),
            nn.Sigmoid(),
            nn.Linear(hidden_dim, 1),
            nn.Sigmoid()
        )

    def forward(self, x):
        return self.disc(x)
```

构建好判别器类以后，可以编写一小段测试代码对它进行测试(这是好的编程习惯，需要慢慢养成)。由于目前还没有生成器网络，暂时只能单独训练判别器网络，检查网络是否能够将真实数据样本与随机虚假数据分开。

首先定义一个如代码 2.4 所示的判别器训练函数。它会计算判别器输出，再调用损失函数来计算损失，最后通过误差反向传播算法来更新网络参数并返回损失值。

代码 2.4　判别器训练函数

```python
def disc_train(discriminator, loss_function, optimiser, inputs, targets):
    """ 判别器训练函数 """
    # 计算判别器输出
    outputs = discriminator(inputs)
    # 计算损失
    loss = loss_function(outputs, targets)

    # 梯度清零，反向传播，更新网络参数
    optimiser.zero_grad()
    loss.backward()
    optimiser.step()

    return loss
```

然后编写代码 2.5 来测试判别器网络。它会实例化判别器，并定义 MSELoss(Mean Squared Error Loss)损失函数和 SGD(优化器)。其中，MSELoss 指均方误差损失，SGD 指随机梯度下降。接下来使用一个单循环结构来训练判别器，循环体中，判别器认定符合 1001

模式的数据是真实的，因此目标输出为 1.0；认定随机生成的数据是虚假的，目标输出是 0.0。真实数据或虚假数据与目标输出的差值就是损失，每隔 N_LOG_ITERS 次迭代，会将两个损失值的均值保存在 losses 列表中；最后可视化损失曲线，并打印训练好的判别器网络，分别对真实数据和虚假数据进行输出。

代码 2.5　测试判别器网络

```python
# 实例化判别器
disc = Discriminator()
# 定义损失函数和优化器
loss_function = nn.MSELoss()
optimiser = optim.SGD(disc.parameters(), lr=LR)

losses = []
for i in range(N_ITERS):
    # 先用真实数据训练
    loss1 = disc_train(disc, loss_function, optimiser, get_real_sample(),
            torch.FloatTensor([1.0]))
    # 再用虚假数据训练
    loss2 = disc_train(disc, loss_function, optimiser, get_fake_sample(),
            torch.FloatTensor([0.0]))

    # 保存损失数据，为将来绘制损失曲线做准备
    if i % N_LOG_ITERS == 0:
        losses.append((loss1.item() + loss2.item()) / 2)

utils.save_losses_curve(losses, "只训练判别器的损失", os.path.join(OUT_DIR,
                        "disc_losses.png"))

print("判别器的训练结果：")
print(f"真实数据的输出={disc(get_real_sample()).item()}")
print(f"虚假数据的输出={disc(get_fake_sample()).item()}")
```

只训练判别器的损失曲线的可视化结果如图 2.2 所示。可以看到，随着迭代训练次数的增加，训练损失呈下降趋势。但由于使用随机梯度下降，只根据一个样本更新网络参数，并不是每次参数更新都朝着"正确"的方向，因此损失曲线会剧烈波动。

训练好的判别器模型对于 1001 模式的真实数据和虚假数据的输出结果分别如下所示。可以看到，模型对真实数据的输出为接近 1.0 的较大值，判断为真；对虚假数据的输出为接近 0.0 的较小值，判断为假。结果符合预期。

```
判别器的训练结果：
真实数据的输出=0.8586167097091675
虚假数据的输出=0.05329151079058647
```

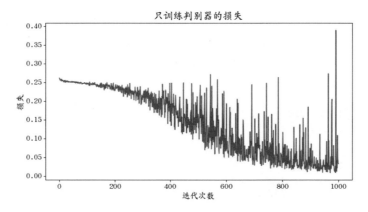

图 2.2　只训练判别器的损失曲线

2.1.4　生成器网络实现

和判别器网络一样，生成器也是一个全连接神经网络，我们希望它能够通过学习识别出特定的输出模式，能骗过判别器网络。显然生成器的输出层需要有 4 个神经元，对应 1001 的数据格式。

生成器的隐藏层神经元个数设计成多大才合适呢？由于生成器和判别器彼此间是对抗学习，不能让生成器和判别器中的任何一个在能力上领先另一个很多，以免能力弱的那个网络得不到学习。为了简便起见，直接把判别器的结构反向倒置作为生成器，这也是一个两层的全连接网络。

生成器类如代码 2.6 所示。输入层的神经元个数使用常量 Z_DIM 定义，这里取值为 1；隐藏层的神经元个数由常量 HID_DIM 定义；输出层的神经元个数由常量 IM_DIM 定义。前向传播方法 forward() 直接调用上述两层网络模型，输入数据 x 并返回网络输出。

代码 2.6　生成器类

```python
class Generator(nn.Module):
    """ 生成器 """

    def __init__(self, z_dim=Z_DIM, im_dim=IM_DIM, hidden_dim=HID_DIM):
        super().__init__()
        self.gen = nn.Sequential(
            nn.Linear(z_dim, hidden_dim),
            nn.Sigmoid(),
            nn.Linear(hidden_dim, im_dim),
            nn.Sigmoid()
        )
```

```
def forward(self, x):
    return self.gen(x)
```

和判别器的处理类似，编写一个训练生成器的函数，如代码 2.7 所示。它首先会计算生成器的输出，然后将生成器输出作为判别器的输入，再调用损失函数来计算损失，最后通过反向传播来更新网络参数并返回损失值。可以推断，生成器的训练与判别器的训练有所不同：判别器知道目标输出是什么，但生成器不知道这个目标，只能根据判别器的输出损失值计算得到梯度，并使用反向传播来更新生成器的网络参数。

代码 2.7 生成器训练函数

```
def gen_train(discriminator, generator, loss_function, optimiser, inputs,
targets):
    """ 生成器训练函数 """
    # 计算生成器输出
    g_output = generator(inputs)
    # 将生成器输出作为判别器的输入
    d_output = discriminator(g_output)
    # 计算损失
    loss = loss_function(d_output, targets)

    # 梯度清零，反向传播，更新网络参数
    optimiser.zero_grad()
    loss.backward()
    optimiser.step()

    return loss
```

2.1.5 训练 GAN

在训练 GAN 之前，还是编写一段测试代码来测试未经训练的生成器网络，如代码 2.8 所示。

代码 2.8 测试未训练的生成器

```
# 实例化生成器
gen = Generator()
print()
print(f"未经训练的生成器的结果: {gen(torch.FloatTensor([0.5])).detach().numpy()}")
```

由于生成器网络没有经过训练，网络参数未得到优化，因此输出结果为如下的 4 个随机数，无法得到 1001 模式的数据。

未经训练的生成器的结果: [0.4782345 0.51657355 0.38645604 0.4889944]

接下来编写代码 2.9 完成训练前的准备工作。重新实例化判别器和生成器，定义损失函数和优化器，最后定义 3 个列表变量为可视化做准备，其中的 disc_losses 存放判别器在训练过程中的损失值，gen_losses 存放生成器在训练过程中的损失值，image_list 存放生成器的历史输出。

代码 2.9 训练前的准备工作

```
# 重新实例化判别器和生成器
disc = Discriminator()
gen = Generator()

# 定义损失函数和优化器
disc_loss_fun = nn.MSELoss()
disc_opt = optim.SGD(disc.parameters(), lr=LR)
gen_loss_fun = nn.MSELoss()
gen_opt = optim.SGD(gen.parameters(), lr=LR)

disc_losses = []
gen_losses = []
image_list = []
```

代码 2.10 用于迭代训练判别器和生成器。其中单重循环迭代常量 N_ITERS 指定的次数，在循环体中，训练判别器先用真实数据训练，其目标输出应为真(值为 1.0)；再用虚假数据训练，其目标输出应为假(值为 0.0)。在使用虚假数据训练之前，须调用 detach()方法将生成器生成的虚假数据从计算图中分离，避免反向传播计算整个计算图路径的误差梯度。这是因为我们只希望训练判别器，因此不需要计算生成器的误差梯度。然后再训练生成器，这时只能使用虚假数据，不能使用真实数据，因为不能让生成器见到真实数据，以避免有作弊嫌疑。我们希望生成器所生成的虚假数据可以骗过判别器，使判别器判断为真，因此这里的目标输出为 1.0。每隔一段迭代次数，就将生成器的输出暂存到 image_list 中，为最后的可视化做准备，并保存损失值的历史数据，用于将来绘制损失曲线。

代码 2.10 迭代训练判别器和生成器

```
# 训练判别器和生成器
for i in range(N_ITERS):

    # 训练判别器
    # 先用真实数据训练
    disc_loss1 = disc_train(disc, disc_loss_fun, disc_opt, get_real_sample(),
            torch.FloatTensor([1.0]))
    # 再用虚假数据训练
    # 注意这里使用 detach()，不再计算生成器的梯度
    disc_loss2 = disc_train(disc, disc_loss_fun, disc_opt,
            gen(torch.FloatTensor([0.5])).detach(),
```

```
                    torch.FloatTensor([0.0]))

        # 训练生成器
        gen_loss = gen_train(disc, gen, gen_loss_fun, gen_opt,
                    torch.FloatTensor([0.5]), torch.FloatTensor([1.0]))

        # 每隔一段时间就把生成器的输出结果添加到列表中，以便可视化
        if i % (N_ITERS // 10) == 0:
            image = gen(torch.FloatTensor([0.5])).detach().numpy()
            image_list.append(image)

        # 保存损失数据，为将来绘制损失曲线做准备
        if i % N_LOG_ITERS == 0:
            disc_losses.append((disc_loss1.item() + disc_loss2.item()) / 2)
            gen_losses.append(gen_loss.item())

    print(f"训练以后的生成器的结果: {gen(torch.FloatTensor([0.5])).detach().numpy()}")

    utils.save_losses_curve(gen_losses, "训练中生成器的损失",
                    os.path.join(OUT_DIR, "gan_gen_losses.png"))
    utils.save_losses_curve(disc_losses, "训练中判别器的损失",
                    os.path.join(OUT_DIR, "gan_disc_losses.png"))
```

生成器模型经过训练以后的结果输出如下。可以看到，生成器的确输出一个符合 1001 模式的结果，第 1 个和第 4 个值比较大，接近 1；第 2 个和第 3 个值比较小，接近 0，效果很好。

训练以后的生成器的结果: [0.94302857 0.05293636 0.03815185 0.9488221]

代码 2.11 首先将列表 image_list 转换为矩阵，再进行矩阵转置，即转换成一个 10 列×4 行的 Numpy 数组，然后进行可视化，这样能方便从左向右观察随着训练过程输出的变化情况。

代码 2.11 **可视化代码**

```
# 可视化
plt.figure(figsize=(16, 8))
plt.title("运行结果")
plt.imshow(np.array(image_list).T, interpolation='none', cmap='Greys')
plt.yticks([])
plt.savefig(os.path.join(OUT_DIR, "result.png"))
plt.show()
```

图 2.3 的可视化结果非常清楚地显示生成器是如何随着训练迭代次数而慢慢进步的。图中的深色表示数值比较大，代表 1；浅色表示数值比较小，代表 0。开始时，生成器的输出没有规律。随着训练迭代次数的增加，生成器慢慢学会生成有些符合 1001 模式的图像。最后，生成器输出的图像 1001 模式越来越清晰。

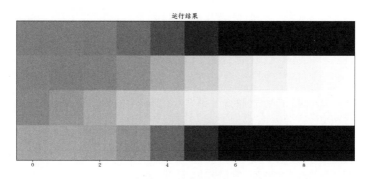

图 2.3 可视化结果

完整程序请参见 1001_fc_gan.py。程序生成的判别器和生成器的损失曲线分别如图 2.4 和图 2.5 所示。

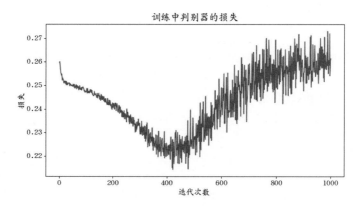

图 2.4 判别器的损失曲线

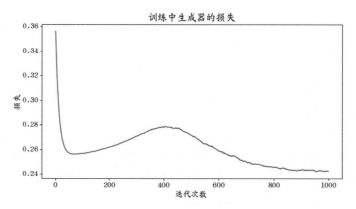

图 2.5 生成器的损失曲线

在图 2.4 中，当判别器没有经过学习，无法区分虚假数据和真实数据时，它就无法确定到底应该输出假(0.0)还是真(1.0)，于是就只能输出中间值 0.5。因为使用的是均方误差损失(MSELoss)，所以损失值就是 0.5 的平方，即 0.25。随着训练迭代次数的增加，损失值有些少许下降，这说明判别器网络学习到了一些判断真假的规律。最后，损失值回升到 0.25 左右，这说明生成器已经慢慢学会生成 1001 规律的数据，使判别器无法区分真假。

生成器的损失曲线也很有意思。在图 2.5 中，刚开始时，判别器无法区分真假数据，因此生成器也不知道该如何生成以假乱真的数据。突然生成器学会了一些生成规律，损失值下降了很多。在训练约一半时，损失值略有增加，这说明随着生成器的进步，判别器也在进步，判别器又可以识别出真假。最后，生成器和判别器之间达到一种动态平衡。

2.2　生成 MNIST 数据的 GAN

有了编写 1001 模式 GAN 框架的经验，将同样的开发方法应用到生成手写数字的图像数据集，就变得轻车熟路了。

还是先从一个如图 2.6 所示的 MNIST 全连接 GAN 架构图开始。GAN 的总体架构基本不变，真实图像 *x* 由 MNIST 数据集提供，而生成器的任务是伪造相同尺寸的图像 *x** 以欺骗判别器。交替训练判别器和生成器多次，希望最终训练好的生成器能够生成以假乱真的图像来骗过判别器。

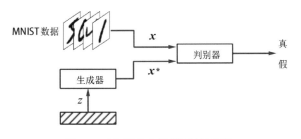

图 2.6　MNIST 全连接 GAN 架构

2.2.1　数据集

代码 2.12 首先调用 torchvision.datasets 的 MNIST 类的初始化方法来实例化数据集对象。其中，root 参数指定下载数据集的目录，download 参数指定如果在指定目录中没有数据集文件时是否启动下载，transform 参数指定对图像进行的转换方法，ToTensor()方法将 PIL 图像对象或 ndarray 数组转换为张量 Tensor，同时会将像素取值[0, 255]归一化为[0, 1]范围，并将原来的形状(H, W, C)转置为(C, H, W)。然后，调用 torch.utils.data 的 DataLoader 类的初始化方法实例化数据加载器对象，其中，dataset 实参为上一条语句实例化的数据集对象，batch_size 参数指定小批量的样本大小，shuffle 参数指定是否随机置乱。最后，绘制训练图像。

代码 2.12 加载 MNIST 数据集

```
# 加载数据集
dataset = datasets.MNIST(root=DATAROOT, download=False,
        transform=transforms.ToTensor())
dataloader = DataLoader(dataset, batch_size=BATCH_SIZE, shuffle=True)

# 绘制训练图像
utils.plot_train_images(dataloader)
```

2.2.2 MNIST 判别器

GAN 的判别器实际上是一个二元分类器，用于判断输入样本的真假。这里的 MNIST 判别器类代码实现与 2.1 节的判别器类非常相似，同样继承了 nn.Module，只是在网络结构上有所区别。具体来说，网络的输入层和中间层的神经元数量根据实际情况进行了修改，第一层的激活函数使用 nn.LeakyReLU，第二层的激活函数仍然使用 nn.Sigmoid。具体实现如代码 2.13 所示。

代码 2.13 MNIST 判别器类

```
class Discriminator(nn.Module):
    """ 简单全连接判别器 """

    def __init__(self, img_dim=IMG_DIM, hidden_dim=128):
        super().__init__()
        self.disc = nn.Sequential(
            nn.Linear(img_dim, hidden_dim),
            nn.LeakyReLU(NEG_SLOPE, inplace=True),
            nn.Linear(hidden_dim, 1),
            nn.Sigmoid(),
        )

    def forward(self, x):
        return self.disc(x)
```

2.2.3 MNIST 生成器

生成器需要伪造与 MNIST 数据集中图像尺寸相同的图像，即图像的尺寸为 784(28×28)

像素。代码 2.14 的生成器使用两层全连接网络，第一个隐藏层的神经元个数由参数 z_dim 决定，输出由参数 hidden_dim 决定，然后紧接一个 nn.LeakyReLU 激活函数；第二个隐藏层的输入就是第一个隐藏层的输出，输出由参数 img_dim 决定，由于要将输出压缩至[0, 1]范围，因此激活函数使用 nn.Sigmoid。生成器类继承自 nn.Module，前向传播方法 forward()直接调用所定义的两层网络模型，对输入数据 *x* 进行处理并返回网络输出。

代码 2.14　MNIST 生成器类

```
class Generator(nn.Module):
    """ 简单全连接生成器 """

    def __init__(self, z_dim, img_dim=IMG_DIM, hidden_dim=256):
        super().__init__()
        self.gen = nn.Sequential(
            nn.Linear(z_dim, hidden_dim),
            nn.LeakyReLU(NEG_SLOPE, inplace=True),
            nn.Linear(hidden_dim, img_dim),
            nn.Sigmoid(),
        )

    def forward(self, x):
        return self.gen(x)
```

2.2.4　训练 GAN

由前文已知生成器也是一个神经网络。给定输入后，神经网络的输出是不变的。我们希望生成器所生成的样本具有多样性，因此，要求生成器网络的输入不是固定值，而是随机数，习惯上将这个随机数称为 z，其维度由 z_dim 指定。

编写如代码 2.15 所示的函数，它返回一个行数为 n_samples、列数为 z_dim 的随机噪声矩阵。这是一个二维张量，该张量所在的设备由参数 device 指定，可以选择放在 CPU 或 GPU 设备上。

代码 2.15　返回指定维度的噪声矩阵

```
def get_noise(n_samples, z_dim, device):
    """ 返回一个 n_samples × z_dim 的噪声矩阵 """
    return torch.randn(n_samples, z_dim, device=device)
```

为了简单，编写一个如代码 2.16 所示的计算判别器损失的函数。函数中，首先调用 get_noise()函数得到一个噪声矩阵，然后将噪声矩阵输入到生成器中生成伪造图像，再使用判别器对生成图像进行判别，将判别结果与期望结果一起送入损失函数 criterion()中，得到伪造样本的损失值 loss_disc_fake。然后取真实样本输入到判别器，损失函数根据判别结果和期望结果之差得到真实样本的损失值 loss_disc_real。最终的损失是 loss_disc_fake 与 loss_disc_real 的均值，并返回该损失值。

代码 2.16　　计算判别器损失的函数

```
def get_disc_loss(gen, disc, criterion, real, n_images, z_dim, device):
    """ 给定输入，计算判别器损失 """
    noise = get_noise(n_images, z_dim, device=device)
    fake = gen(noise)
    # 训练判别器: max log(D(x)) + log(1 - D(G(z)))
    disc_fake = disc(fake.detach()).view(-1)
    loss_disc_fake = criterion(disc_fake, torch.zeros_like(disc_fake))
    disc_real = disc(real).view(-1)
    loss_disc_real = criterion(disc_real, torch.ones_like(disc_real))
    disc_loss = (loss_disc_fake + loss_disc_real) / 2
    return disc_loss
```

代码 2.17 比代码 2.16 简单，这是因为生成器不能看到真实样本，因此只能根据生成器生成的伪造样本来计算损失值并返回。

代码 2.17　　计算生成器损失的函数

```
def get_gen_loss(gen, disc, criterion, n_images, z_dim, device):
    """ 给定输入，计算生成器损失 """
    noise = get_noise(n_images, z_dim, device=device)
    fake = gen(noise)
    # 训练生成器: min log(1 - D(G(z))) 等效于 max log(D(G(z)))
    disc_fake = disc(fake).view(-1)
    gen_loss = criterion(disc_fake, torch.ones_like(disc_fake))
    return gen_loss
```

训练前还需要做一些准备工作，如代码 2.18 所示。首先实例化判别器和生成器，接着设置一个固定噪声矩阵 fixed_noise，这里我们希望在可视化时每次输入的噪声矩阵都一样，以便观察生成器的性能提升状况。然后实例化优化函数 Adam 和损失函数 BCELoss。最后定义变量 iters，用于暂存当前的迭代次数，并定义两个列表变量，为可视化做准备，其中 gen_losses 存放生成器的损失历史，disc_losses 存放判别器的损失历史。

代码 2.18　　训练前的准备

```
# 实例化判别器和生成器
disc = Discriminator(IMG_DIM).to(DEVICE)
gen = Generator(Z_DIM, IMG_DIM).to(DEVICE)
# 为可视化而设置的固定噪声
fixed_noise = get_noise(BATCH_SIZE, Z_DIM, DEVICE)
```

```
# 优化函数和损失函数
disc_opt = optim.Adam(disc.parameters(), lr=LR)
gen_opt = optim.Adam(gen.parameters(), lr=LR)
criterion = nn.BCELoss()

iters = 0
# 训练过程中的损失
gen_losses = []
disc_losses = []
```

代码 2.19 使用两重循环进行迭代训练，其中外重循环用于迭代轮次，内重循环用于迭代每个小批量数据。它首先更新判别器网络参数，然后更新生成器网络参数，最后输出训练过程的性能统计，以及保存真实图像和生成图像日志。

代码 2.19 迭代训练

```
for epoch in range(N_EPOCHS):
    for idx, (real, _) in enumerate(dataloader):
        real = real.view(-1, IMG_DIM).to(DEVICE)
        n_images = real.shape[0]

        # 更新判别器参数
        loss_disc = get_disc_loss(gen, disc, criterion, real, n_images, Z_DIM,
                    DEVICE)
        disc.zero_grad()
        loss_disc.backward(retain_graph=True)
        disc_opt.step()

        # 更新生成器参数
        loss_gen = get_gen_loss(gen, disc, criterion, n_images, Z_DIM, DEVICE)
        gen.zero_grad()
        loss_gen.backward()
        gen_opt.step()

        # 输出训练过程性能统计
        if idx % PRINT_ITER == 0:
            print(f"轮:{epoch}/{N_EPOCHS} 迭代:{iters} D 损失:{loss_disc:.4f},
                G 损失:{loss_gen:.4f}")

        # 保存真实图像和生成图像日志
        if (iters % LOGS_ITER == 0) or ((epoch == N_EPOCHS - 1) and (idx ==
            len(dataloader) - 1)):
            with torch.no_grad():
                fake_samples = gen(fixed_noise).reshape(-1, 1, 28, 28)
                real_samples = real.reshape(-1, 1, 28, 28)
                fake_imgs = make_grid(fake_samples, nrow=16)
                real_imgs = make_grid(real_samples, nrow=16)
```

```
        save_image(real_imgs, os.path.join(OUT_DIR,
                    'real_samples.png'), normalize=False)
        save_image(fake_imgs, os.path.join(OUT_DIR,
                 'fake_samples_{}.png'.format(epoch)), normalize=False)

    # 保存损失以便后面绘图
    gen_losses.append(loss_gen.item())
    disc_losses.append(loss_disc.item())
    iters += 1

    torch.save(gen.state_dict(), os.path.join(OUT_DIR,
            'gen_{}.pth'.format(epoch)))
    torch.save(disc.state_dict(), os.path.join(OUT_DIR,
            'disc_{}.pth'.format(epoch)))

utils.save_losses_curve(gen_losses, "训练中生成器的损失",
                        os.path.join(OUT_DIR, "gen_losses.png"))
utils.save_losses_curve(disc_losses, "训练中判别器的损失",
                        os.path.join(OUT_DIR, "disc_losses.png"))
```

判别器在训练中的损失曲线如图 2.7 所示。一开始损失值下降得很快，在一小段时间内损失值很低，这表明判别器的性能领先于生成器，很容易就判别出真伪。接着损失值开始上升，这表明生成器学习到了一些伪造数据的技巧，有时候能骗过判别器。最后，判别器学习到更多的辨别真伪的技巧，损失值慢慢下降。

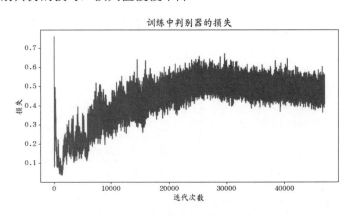

图 2.7　判别器损失曲线

生成器的训练损失曲线如图 2.8 所示。开始时，生成器伪造数据的能力较低，判别器能够正确识别真伪，损失值偏高。然后，随着生成器慢慢学会一些伪造技巧，生成器损失值也慢慢下降。在训练的后半部分，判别器分辨真伪的能力有所提高，生成器的损失值再度升高。

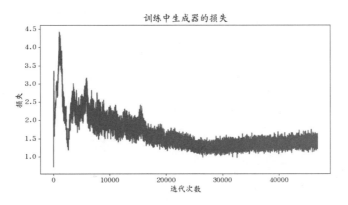

图 2.8　生成器损失曲线

如果生成器的损失曲线的值很大且曲线持续升高，表明其学习没有什么进展。如果判别器能够更好地提供如何改进的有效反馈，可能生成器能够做得更好。

图 2.9 所示是 MNIST 数据集里的真实样本，字迹清晰，肉眼容易分辨。

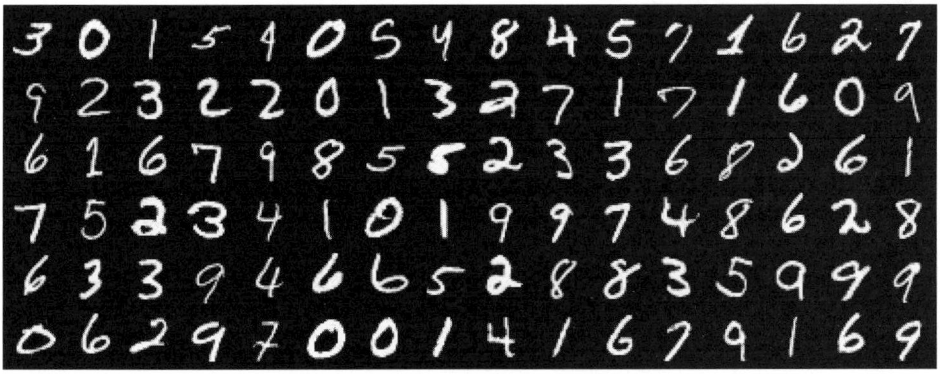

图 2.9　MNIST 数据集中的真实样本

每隔一段训练间隔，程序都会生成一些伪造数字的图像，放在输出目录中，图 2.10 所示就是最后一次的生成图像。可以看到，生成数字已经具有一些形状，有的已经很像真实的手写数字图像。尽管效果并不完美，但由于代码相对简单，已经令人满意。

要注意的是，在 GAN 架构中，只有判别器看到过 MNIST 数据集，而生成器并没有直接看到过 MNIST 数据集里的真实样本，但是它已经学会了生成类似的图像，即生成几乎可以识别的手写数字。

图 2.10　训练的最后一次生成的虚假图像

完成程序请参见 mnist_fc_gan.py 文件。

2.2.5　模式崩溃初探

前文的生成 MNIST 手写数字 GAN 中，我们希望生成器能够生成全部 10 个手写数字的图像，但是在 GAN 训练中，很多时候生成器只能生成全部 10 个手写数字中的一个或部分图像，无法满足生成多样性样本的需求，这就称为模式崩溃(mode collapse)。

数据分布中的模式(mode)指的是观测值高度集中的区域。例如，正态分布的均值是该分布的单模式；当然也有多个模式的分布，其中的均值不一定是其中的一个模式。图 2.11 的左图是单模式，而右图的分布是双峰的，所以它有两个模式，多峰的称多模式。更直观地说，特征的概率密度分布上的任何峰值都是该分布的模式。

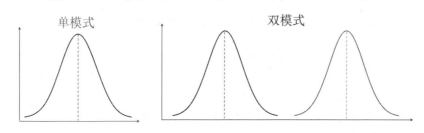

图 2.11　单模式和双模式

许多用于训练 GAN 的真实数据分布都是多模式的，例如 MNIST 数据集。直观地说，当训练刚刚开始时，像是数据分布崩溃到只有更少的模式甚至仅有一种模式，一些模式因崩溃而消失了。对判别器而言，它已经学会识别哪些手写数字是假的，除了看起来像 1 和 7 的生成图像外。这可能是因为判别器处于其代价函数的局部最优值，判别器能正确判断大多数数字的真假。除了类似于 1 和 7 的数字，然后该信息被反馈给生成器。生成器了解到在下一轮中认为像"1 或 7 的图像都会让判别器出错"，于是就生成很多像这两个数字的图像。再下一轮中，这些生成的图像再次传递给判别器，判别器可能在数字 1 上出错，而在数字 7 上判断正确。生成器再次得到"判别器的弱点在于辨别手写数字 1"的反馈，因此下一次都生成像数字 1 的图像，手写数字的整个分布可能崩溃为数字 1 的单模式。最终，判别器可能学会更多技能并跳出局部最优，知道如何分辨生成器生成的手写数字 1。但生成器可能会迁移到另一种分布模式，并再次崩溃到另一种模式。当然生成器也有可能无法跳出当前的分布模式。

当生成器学习到可以从整个训练数据集中仅生成少量类别的样本来欺骗判别器时，模式崩溃就发生了。虽然生成器在为欺骗判别器而努力优化少量"精品"，但这并不是生成器该做的事情，生成器更应该生成多样性的样本。

要说明的是，即便是最顶尖的 GAN 研究者也同样面临模式崩溃的问题。BigGAN[①]的作者曾坦言："在训练的后期阶段允许崩溃发生，到那时，模型已经得到了足够的训练，可以获得良好的结果。"一些研究人员认为，模式崩溃的根本原因在于判别器网络太弱，未能注意遗漏的模式，另一些人则将其归咎于目标函数的错误选择。当前专家已经对此提出了一些解决方案，但模式崩溃仍然是一个悬而未决的问题。

习　题

2.1　查阅 PyTorch 文档，了解 nn.Module 类和 nn.Sequential 类的功能。

2.2　查阅 PyTorch 文档，了解 nn.MSELoss 损失函数。

2.3　修改 1001_fc_gan.py 程序里的损失函数为 BCELoss，运行程序并解释结果。

2.4　将 1001_fc_gan.py 程序的随机梯度下降修改为小批量梯度下降，运行程序并说明区别。

2.5　解释图 2.4 和图 2.5 的损失曲线。

2.6　说说什么是模式崩溃。

---

① 来源：https://arxiv.org/abs/1809.11096

2.7 　阅读并运行 mnist_fc_gan.py 程序。

2.8 　修改 mnist_fc_gan.py 程序，使用 Fashion-MNIST 数据集、CIFAR-10 数据集或其他数据集。

2.9 　当判别器和生成器达到平衡时，如果使用 MSELoss() 损失函数，GAN 的理想损失值是多少？如果使用 BCELoss() 损失函数呢？

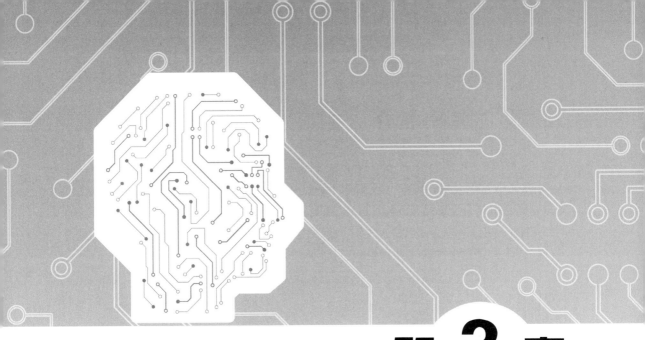

第 3 章

深度卷积 GAN

　　本章将生成器和判别器换成卷积神经网络(Convolutional Neural Networks，CNN)来实现，而不是使用简单的全连接网络。通常称这样的 GAN 架构为深度卷积 GAN(Deep Convolutional GAN)，或简称 DCGAN。

　　本章首先回顾卷积神经网络的关键概念，介绍 DCGAN 背后的卷积和反卷积技术，然后介绍使 DCGAN 这样的复杂架构在实践中取得成功的关键技术突破——批规范化(batch normalization)，最后研究 DCGAN 的网络架构和 PyTorch 实现细节。

3.1 DCGAN 简介

DCGAN 论文名称为 *Unsupervised Representation Learning with Deep Convolutional Generative Adversarial Networks*[①]，文章由 Indico Research 和 Facebook AI Research 的人员合作完成，作者分别是 Alec Radford、Luke Metz 和 Soumith Chintala。DCGAN 将深度卷积神经网络 CNN 与生成对抗网络 GAN 结合用于无监督学习领域，论文主要贡献有以下 4 点。

(1) 提出并评估一种深度卷积生成对抗网络 DCGAN。

(2) 将训练好的判别器用于图像分类任务，表现出与其他无监督算法的竞争优势。

(3) 将 GAN 学习到的过滤器可视化，并通过经验证明特定的过滤器已经学会绘制特定的物体。

(4) 展示生成器具有有趣的矢量算术特性，容易通过修改这些矢量来控制生成样本的语义质量(semantic qualities)。

3.1.1 DCGAN 网络结构

DCGAN 网络结构如图 3.1 所示，该图来自 DCGAN 论文。论文只展示了生成器的网络结构，用于 LSUN(Large-scale Scene Understanding，大规模场景理解)场景建模，未展示判别器网络结构。

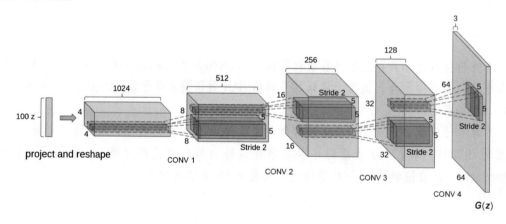

图 3.1　DCGAN 网络结构图

---

① https://arxiv.org/pdf/1511.06434.pdf

其中，project 指投影，reshape 指张量的整形，CONV 指卷积运算，Stride 指卷积步长，*G*(*z*)指生成器生成的图像。

DCGAN 生成器网络从左到右的处理过程是：一个 100 维均匀分布的噪声向量 *z* 通过投影和整形，转换到由多个特征图组成的小空间范围卷积表示。一系列的 4 个部分跨越卷积 [fractionally-strided convolutions，也有文献称为转置卷积(transposed convolution)或反卷积 (deconvolution)]，然后将该高层次表示转换为 64×64 的图像。值得注意的是，没有使用全连接层和池化层。

DCGAN 结构的特点如下。

● 用跨越卷积(判别器)和部分跨越卷积(生成器)代替任何池化层。
● 在生成器和判别器中使用批规范化(Batch Normalization，BN)处理。
● 在深层架构中移除全连接的隐藏层。
● 在生成器中，除输出层使用 Tanh 激活函数外，其他层都使用 ReLU 激活函数。
● 在判别器中，对所有层都使用 LeakyReLU 激活函数。

论文使用 3 个数据集来训练 DCGAN，分别是大型场景理解 LSUN、面部数据集和 Imagenet-1k。

论文中除了使用 Tanh 激活函数将数据缩放到[-1,1]的范围以外，没有对训练图像进行预处理。所有模型都使用小批量随机梯度下降 SGD 进行训练，小批量大小为 128。所有的权重都初始化为 0 均值且标准差为 0.02 的正态分布。在 LeakyReLU 激活函数中，所有模型的负值非零斜率都设置为 0.2。以前 GAN 的研究使用动量(momentum)来加速训练，DCGAN 使用微调过超参数的 Adam 优化器，论文发现建议的学习率 0.001 太高，因此替换为 0.0002。另外，论文发现动量项 β_1 的建议值 0.9 会导致训练振荡和不稳定，而将其降低到 0.5 有助于训练的稳定性。

论文展示了很多令人惊艳的成果。在图 3.2 中展示了判别器学习到的特征在卧室的典型部分被激活，比如床和窗户。为了进行比较，左图是随机过滤器，给出随机初始化的特征基线，这些特征在语义相关或有趣的事情上没有激活；右图是 DCGAN 经过训练后的判别器在最后一个卷积层学习到的前 6 个卷积特征的最大轴向响应(maximal axis-aligned responses)的过滤器，注意，其中有相当一部分特征对目标床有响应，而床是 LSUN 卧室数据集的中心对象。

DCGAN 还提供了一系列连续的图片，图片由生成网络不断地产生变化，而且变化并不唯一，大部分变化后的图片都是合理的，看起来都像是一个卧室。有时门会变成窗户，窗户又会变成电视，没窗户的地方会出现窗户。

DCGAN 可以让神经网络按照人类的想法来更改图片，它提供一些模型未修改的样本和能产生相同样本但移除了"窗户"的过滤器。其中，一些窗户被成功移除，另一些被改造成具有类似视觉外观的物体，如门和镜子。虽然视觉质量下降了，但整体的场景构成保持相似，这表明生成器在分离场景表示和对象表示方面都做得很好。扩展实验可以从图像中移除其他对象并修改生成器所绘制的对象。

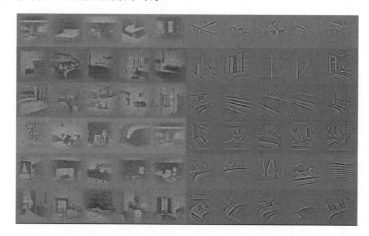

图3.2　随机过滤器和训练以后的过滤器

　　DCGAN 还展示了矢量算法的视觉概念。其中的第一组图使用一个微笑的女人减去一个女人再加上一个男人就得到了微笑的男人，生成的 9 张图中，并没有出现重大的结构上的不合理，一些图像感觉非常真实。第二组图片是给人加上眼镜，即使用一个戴眼镜的男人减去一个没戴眼镜的男人再加上一个没戴眼镜的女人就得到戴眼镜的女人的图片，而且生成的 9 张图中眼镜颜色有深有浅，更有真实感。最后一组图片则是直接将图片叠加取平均值，其结果非常糟糕，论文认为直接在输入空间中(而不是在 Z 向量空间中)应用算法会导致由于没有对齐而产生噪声重叠。因此论文认为每个概念只处理单个样本的实验是不稳定的，但对 3 个样本的 Z 向量进行平均则显示一致和稳定的基因。

　　以上实例证明 DCGAN 的效果非常好，具体可参见原论文。

3.1.2　卷积

　　卷积神经网络通过共享参数和稀疏连接来减少参数，使得计算机容易处理。卷积神经网络的主要技术是卷积运算和池化运算。

1. 卷积运算

卷积运算非常适合图像处理，这是由图像的以下特性决定的：①图像中待识别物体的模式(比如眼睛或鼻子)远小于整个图像，神经元不需要完整地看到整张图像就能识别这些模式。因此，一个神经元只需要连接图像上的一小部分区域，这样可以大大减少参数个数。②同样的模式可能出现在图像的不同区域，待识别物体在图像中的位置是可变的，不可能为每一个区域都构建一个检测神经元，但可以使用同一个神经元来检测不同区域的相同模式，这样可以使用同样的参数实现参数共享。③待识别物体的远近、大小不会影响识别的结果，通常使用子抽样(subsampling)技术去掉部分行和列(如奇数行和奇数列)的像素，使处理后的图像只有原来图像大小的四分之一，这样不会改变待识别物体的形状，但更少的数据会使网络更容易处理。

卷积神经网络就是针对图像的上述三个特性而设立的，具体来说，使用卷积层来处理第一个和第二个特性，使用池化层来处理第三个特性。

1) 卷积运算原理

卷积运算往往通过构造一个或多个过滤器来对图像进行处理，常用过滤器矩阵的行数和列数都是奇数，且行列数一般都相同，如 3×3、5×5 和 7×7，其好处是存在一个便于标定过滤器位置的中心像素点。

图 3.3 展示了一个大小为 6×6 的灰度图像和两个 3×3 的过滤器。图像的最小组成单位为像素，灰度图像仅有一种颜色，即一个通道，彩色图像有 RGB 三色，即三个通道，每个通道的一个像素取值为 0～255 范围的整数或 0～1 范围的浮点数。卷积运算中，每个过滤器检测很小区域的模式，过滤器矩阵中的值是待学习的参数。注意，图中过滤器的取值是人为设定的，不像通常那样是通过学习得到的，这只是为了便于说明问题。

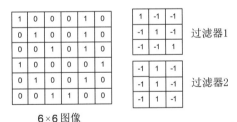

1	0	0	0	1	0
0	1	0	0	1	0
0	0	1	0	1	0
1	0	0	0	0	1
0	1	0	0	1	0
0	0	1	1	0	0

6×6 图像

1	-1	-1
-1	1	-1
-1	-1	1

过滤器1

-1	1	-1
-1	1	-1
-1	1	-1

过滤器2

图 3.3　CNN 过滤器

图 3.4 演示了过滤器的卷积运算原理。图中的“*”号表示卷积运算，首先是左上角阴影部分的矩阵与过滤器 1 做卷积运算，即将阴影部分与过滤器的对应元素相乘，实质就是元素乘法(element-wise products)运算，最后相加得到运算结果。计算过程是：

$$\begin{bmatrix} 1\times1 & 0\times(-1) & 0\times(-1) \\ 0\times(-1) & 1\times1 & 0\times(-1) \\ 0\times(-1) & 0\times(-1) & 1\times1 \end{bmatrix} = \begin{bmatrix} 1 & 0 & 0 \\ 0 & 1 & 0 \\ 0 & 0 & 1 \end{bmatrix}$$

再将等号右边矩阵的每个元素相加得到图中等号右边结果矩阵的最左上角的阴影元素，即 1+0+0+0+1+0+0+0+1=3。

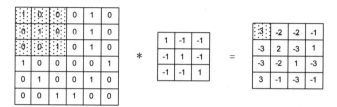

图 3.4　过滤器 1 的卷积运算

接着，将阴影部分形成的方块整体向右移动 1 个像素，现在的卷积运算是：

$$\begin{bmatrix} 0\times1 & 0\times(-1) & 0\times(-1) \\ 1\times(-1) & 0\times1 & 0\times(-1) \\ 0\times(-1) & 1\times(-1) & 0\times1 \end{bmatrix} = \begin{bmatrix} 0 & 0 & 0 \\ -1 & 0 & 0 \\ 0 & -1 & 0 \end{bmatrix}$$

然后将中间结果相加，得到-2，填到结果矩阵的第 1 行第 2 列位置。以此类推，再右移一次得到-2，再右移得到-1，都填充到相应位置。

为了得到下一行元素，把图 3.4 的阴影方块整体下移一个像素，继续计算卷积的结果为-3，填到结果矩阵的第 2 行第 1 列。按照这个计算方法继续下去，直到结果矩阵中的全部元素都计算完成。

因此，6×6 图像矩阵和 3×3 过滤器矩阵进行卷积运算，最终得到 4×4 结果矩阵。

结果矩阵的第 1 行第 1 列和第 4 行第 1 列的元素值都是 3，比其他值都大，说明过滤器

检测到感兴趣的模式，这个模式就是

1	0	0
0	1	0
0	0	1

。

将过滤器 1 换为过滤器 2，按照同样的计算方法，得到如图 3.5 所示的结果矩阵。

图 3.5　过滤器 2 的卷积运算

实际的卷积层往往有多个过滤器，图 3.6 展示了两个过滤器的情形。这时，输出有两个通道，即两个 4×4 的矩阵，确切地说，输出是形状为(1, 2, 4, 4)的张量。注意，PyTorch 一般

使用四维张量来表示输入输出，其形状为(样本数, 通道数, 高, 宽)。例如，图 3.6 的图像输入先要转换为形状为(1, 1, 6, 6)的张量，然后与两个过滤器做卷积运算，输出两个通道的结果矩阵，形状为(1, 2, 4, 4)。

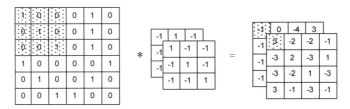

图 3.6　两个过滤器的情形

前面讲述的图像输入只有一个通道。很多图像有彩色的 RGB 三通道，而对应的过滤器通常只会说高宽形状为 3×3，但真实的过滤器实际是三维的，也就是 3×3×3，过滤器的深度维一定要和输入的通道数一致。图 3.7 展示了输入为 RGB 三通道的情形，这时过滤器的深度等于输入通道数 3，得到一个通道的输出。如果有 n_c 个过滤器，就会得到 n_c 个通道的输出。PyTorch 的过滤器一般使用四维张量来表示，其形状为(核高，核宽，输入通道数，输出通道数)，这里的核就是指过滤器。

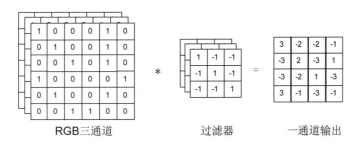

RGB 三通道　　　过滤器　　　一通道输出

图 3.7　RGB 三通道的情形

2) 填充

我们已经知道,用一个 3×3 的过滤器对一张 6×6 的图像做卷积运算,最终会得到一个 4×4 的输出矩阵。这是因为，把 3×3 过滤器放到 6×6 矩阵中，只有 4×4 种可能的不同放法。将这种情形进行推广，假设图像为 $n×n$ 矩阵，过滤器为 $f×f$ 矩阵，卷积运算后输出矩阵的形状就是 $(n-f+1)×(n-f+1)$。本例中，6-3+1=4，因此输出矩阵的形状是 4×4。可见，每一次这样的卷积操作都会缩小图像尺寸，多次卷积以后，图像尺寸就会变得非常小。

卷积运算有一个问题，即四个角落的每个像素点只能与过滤器做一次卷积，而中间的像素点可能会被过滤器多次重叠覆盖。四周边缘也存在同样问题，只是没有四个角严重。

因此，在卷积操作的输出信息中，角落和四周边缘的像素信息量就会比中间区域的像素信息量少，导致角落和边缘位置的部分信息丢失。

为了解决这个问题，需要在卷积之前先进行 padding 操作。padding 的中文含义是填充。举例来说，沿前述的 6×6 图像四周边缘填充一圈像素，将 6×6 的图像变成 8×8 的图像，如图 3.8 所示。这样，再使用 3×3 过滤器进行卷积操作，得到的输出就与原图像的尺寸一致，都是 6×6 的图像，填充的像素可以取 0 值或其他值。

	1	0	0	0	1	0	
	0	1	0	0	1	0	
	0	0	1	0	1	0	
	1	0	0	0	0	1	
	0	1	0	0	1	0	
	0	0	1	1	0	0	

图 3.8　padding 原理

假设用 p 来表示填充的像素数量，图 3.9 所示中，$p=1$。因为我们在四周都填充了一圈像素，输入图像变大，需要在原来尺寸基础上加上 $2p$，输出矩阵相应变成 $(n+2p-f+1)\times(n+2p-f+1)$，本例的形状为 $(6+2\times1-3+1)\times(6+2\times1-3+1)=6\times6$，此时和输入图像的尺寸一样。

实际上，不会限制 p 的取值只能为 1，也可以取其他值，例如取值 2，这样就填充 2 个像素点。甚至也没有规定上下左右填充的像素数量必须相同，左边填充 1 个像素，右边填充 2 个像素也是可以接受的。

PyTorch 专门设置有填充层(padding layers)来处理一维、二维和三维数据的填充问题。对于二维图像数据，nn.ReflectionPad2d 类使用输入边界像素的镜像来填充输入张量，nn.ReplicationPad2d 类通过复制输入边界像素来填充输入张量，nn.ZeroPad2d 类使用零值填充输入张量，nn.ConstantPad2d 类使用常数值填充输入张量。

业界有时候并不直接指定 p 值，而是采用 valid 卷积或 same 卷积的说法。

- valid 卷积就是不填充，即 $p=0$。如果图像为 $n\times n$，过滤器为 $f\times f$，卷积输出就是 $(n-f+1)\times(n-f+1)$。

- same 卷积就是让输出大小与输入大小一样。如果图像为 $n\times n$，当填充 p 个像素后，n 就变成了 $n+2p$，因此输出 $(n-f+1)$ 就变成 $(n+2p-f+1)$，即输出矩阵的形状为 $(n+2p-f+1)\times(n+2p-f+1)$。如果想让输出和输入的大小相等，即 $n+2p-f+1=n$，求解 p，得 $p=(f-1)/2$。当 f 为奇数时，只要选择合适的 p，就能保证得到的输出与输入尺寸相同。本例中，过滤器为 3×3，当 $p=(3-1)÷2=1$ 时，也就是填充 1 个像素就得到与输入尺寸相同的输出。

3) 卷积步长

在前面的例子中，我们使用的步长都是 1，第一次移动阴影方块后的情形如图 3.9 中的左图所示。我们还可以设置步长更大一点，比如，设置步长为 2，让过滤器一次就跳过两个像素，第一次移动阴影方块跳过两格后的情形如图 3.9 中的右图所示。这是水平步长，垂直步长也类似，如果垂直步长为 2，意味着移动一次阴影方块向下跳过两个像素。

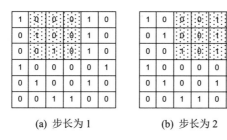

(a) 步长为 1　　　　(b) 步长为 2

图 3.9　步长

输出矩阵大小可以由下面的公式计算。假设输入图像大小为 $n×n$，过滤器大小为 $f×f$，padding 为 p，步长为 s，输出矩阵的计算公式为

$$\left(\frac{n+2p-f}{s}+1\right)×\left(\frac{n+2p-f}{s}+1\right)$$

如果 $n=7, f=3, p=0, s=2$，$\frac{7+2×0-3}{2}+1=3$，即输出为 3×3。但如果 $n=6$，显然 $\frac{6+2×0-3}{2}$ 不能除尽，商不为整数。这时，按照惯例，需要向下取整，也就是说，只有当过滤器完全处于图像区域内时才能输出卷积运算结果。我们用符号 $\lfloor\ \rfloor$ 来表示向下取整，这样就把输出矩阵的计算公式修正为：

$$\left\lfloor\frac{n+2p-f}{s}+1\right\rfloor×\left\lfloor\frac{n+2p-f}{s}+1\right\rfloor$$

4) 卷积与全连接对照

为了更好地理解为什么在视觉处理中要使用卷积神经网络，而不是全连接网络，下面将卷积神经网络与全连接网络做一个对照。

如果输入为 6×6 的灰度图像，全连接网络会用连接线将输入层的全部节点与中间层的全部节点都两两相连，即便不考虑偏置，权重参数的总数为输入节点与中间层节点的乘积，参数数量相当大。例如，假设中间节点数为 32，则参数数量为 36×32=1 152，如图 3.10 所示。

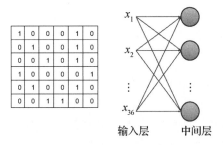

图 3.10　全连接网络

与全连接网络相比，卷积神经网络的参数则少了很多。还是以 3×3 的过滤器对 6×6 的灰度图像做卷积运算为例，第一次卷积运算所得结果为 3，如图 3.11 中的左图所示。由于输入为 6×6 图像，可以用 36 个输入节点来表示，即 x_1，x_2，…，x_{36}，那么，卷积运算过程可用图 3.11 中的右图来表示。可见，输入层只有 9 个节点和中间层节点 3 相连，圆圈中的数字表示计算结果为 3。9 根连接线中，每一根线都标注了类似 f11 的权重，其中 f11 就是过滤器的 1 行 1 列的权重值，f12 为 1 行 2 列的权重值，以此类推。

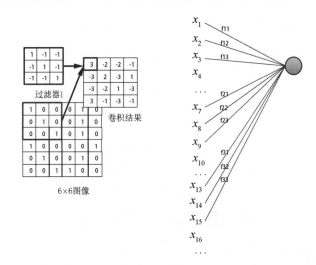

图 3.11　只考虑一次卷积运算的卷积网络

图 3.11 只考虑一次卷积运算。如果要进行下一次卷积，只需要在中间层添加另一个节点-2，分别从 x_2、x_3、x_4、x_8、x_9、x_{10}、x_{14}、x_{15} 和 x_{16} 引出 9 根连接线指向该节点。

2. 池化运算

池化层通常用于缩减模型的规模，提高运算速度。池化层通常和卷积层联合使用，这是因为，池化层减小图像尺寸有助于卷积层过滤器捕捉到稍大一些的特征。比如，3×3的过滤器，在图像尺寸不变的条件下，只能捕捉到3×3的特征，但是当图像缩小一半时，就能捕捉到大一倍的特征。

池化运算有两种：最大池化(max pooling)和平均池化(average pooling)。其中，最大池化用得较多，平均池化很少用。

先举例说明最大池化运算过程，如图3.12所示。假如输入是一个4×4的矩阵，使用2×2(即$f=2$)的最大池化，步长$s=2$。运算过程比较简单，先把4×4的输入划分为4个不同区域，用不同阴影来表示，输出的每个元素取对应区域的元素最大值。例如，左上区域的最大值是2，右上区域的最大值为4，左下区域的最大值是6，右下区域的最大值是8，最后得到运算结果为。

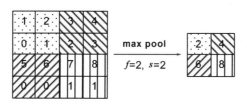

图3.12 最大池化示例

池化核的移动规律与过滤器一致，2×2的池化核首先覆盖左上区域，随后向右移动，由于步长为2，跳过两格移动到右上区域，然后下移两行像素覆盖，最后覆盖。

计算池化层输出大小的公式同样与过滤器一致，池化运算很少用padding，因此一般设置$p=0$。假设池化层的输入为$n_H \times n_W \times n_c$，不用padding，则输出大小为

$$\left\lfloor \frac{n_H - f}{s} + 1 \right\rfloor \times \left\lfloor \frac{n_W - f}{s} + 1 \right\rfloor \times n_c$$

由于需要对每个通道都做池化，因此输入通道与输出通道的数量相同。

如果将输入看成是某些特征的集合，数值大意味着可能检测到一些特征，最大池化运算就是保证只要提取到某些特征，就会保留在最大池化输出中。

池化运算只有一组超参数，如f和s，但没有需要优化的参数。优化算法没有什么可以

学习，确定了超参数后，池化运算只是一个固定运算，不需要改变任何参数。

平均池化与最大池化的运算过程基本一致，唯一不同的是平均池化将求最大值运算换成了求平均值运算。

3.1.3 反卷积

在生成对抗网络领域，判别器往往使用卷积层对输入图像提取特征，输出图像的尺寸往往会变小，这通常称为下采样(downsampling)；而生成器往往是判别器的逆过程，需要将小尺寸的图像恢复到原来的大尺寸，这称为上采样(upsampling)。

上采样的作用与池化相反，其目标是输出一张更高分辨率的图像，所以要推断新增像素的值，有几种不同的方法可以做到这一点。最简单的上采样方法称为最近邻上采样，多次复制输入像素的值来填充输出的新增像素。简单的例子是将 1 个像素扩展为 4 个像素，这 4 个像素的值都取原始像素的值。其他上采样方法可以是线性插值和双线性插值，具体可参见相关文档。

GAN 领域的上采样往往使用反卷积，也称为转置卷积或跨越卷积，它很像卷积的逆过程。下面举一个将 2×2 的输入经过反卷积上采样到 3×3 输出的例子来说明反卷积的具体过程。假设使用一个步长为 1 的 2×2 过滤器来完成反卷积，方法与前文所述的卷积运算过程非常相似。第一步是从输入中获取左上角的值，计算该值与过滤器中每个值的乘积，并将结果保存在输出的左上角 2×2 位置，图 3.13 演示了这一步的计算过程。

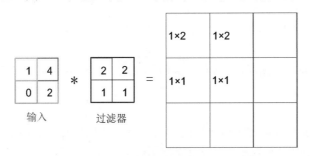

图 3.13　反卷积步骤 1

图 3.14 是下一步的计算过程，使用步长 1 来移动过滤器与输入的右上角值做乘积运算，乘积方法与步骤 1 相同，只是在有重叠的地方将前后两个乘积相加。

然后，将过滤器移动到指向输入的左下角，使用过滤器计算乘积，并将结果填入到输出的相应位置。以此类推，直到遍历全部输入，如图 3.15 所示。

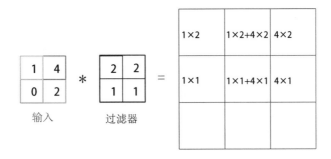

图 3.14　反卷积步骤 2

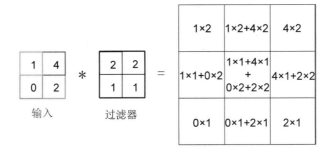

图 3.15　反卷积步骤 3 和 4

通过上述计算过程，可以看到输出中不同位置的值受输入值的影响不同。例如，输出的中心像素点受到输入中所有值的影响，而角上的像素点只受到一个值的影响。这就是反卷积运算过程，是一种上采样。注意，过滤器的值是通过网络训练学习到的参数，示例使用简单的固定值是因为便于理解。

反卷积可能会产生一种称为棋盘效应(checkerboard artifacts)[①]的问题。图 3.16 所示的图像有一个类似于棋盘的模式，这是因为当使用过滤器进行上采样时，一些像素受到的影响更大，周围的像素则没有受到那么大影响。尽管存在这个问题，但反卷积在深度学习研究领域仍然相当流行，一种流行的改进技术是先使用上采样然后卷积，这样可以避免棋盘问题。

3.1.4　批规范化

批规范化(Batch Normalization，BN)是谷歌科学家 Sergey Ioffe 和 Christian Szegedy 在 2015 年发表的文章 *Batch Normalization: Accelerating Deep Network Training by Reducing Internal Covariate Shift*(https://arxiv.org/abs/1502.03167)中最先提到的，文章的方法既简单又

① 来源：https://distill.pub/2016/deconv-checkerboard/

具有开创性。就像对网络输入进行规范化一样，文章提出在训练的每个小批量数据流经网络时，对每一层的输入都进行规范化。

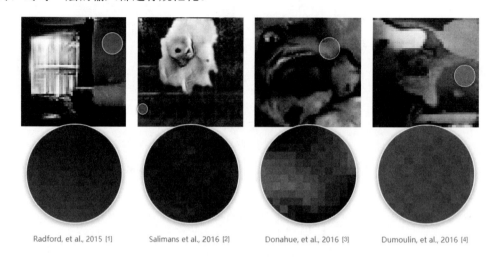

Radford, et al., 2015 [1]   Salimans et al., 2016 [2]   Donahue, et al., 2016 [3]   Dumoulin et al., 2016 [4]

图 3.16　棋盘效应

规范化是对数据进行缩放，使其分布为零均值和单位方差。具体做法是，对每个数据点 x，先减去平均值 μ，再将结果除以标准差 σ，如下所示：

$$\hat{x} = \frac{x - \mu}{\sigma} \tag{3.1}$$

规范化的重要优点是，它使得具有不同尺度的特征之间具有可比性，通过扩展能够使训练过程对特征的尺度不那么敏感。

批规范化背后的深刻原理是：在处理多层深度神经网络时，只对输入进行规范化是不够的。当输入数据在网络中流动时，从上一层到下一层，数据由每一层的可训练参数进行缩放。由于参数通过反向传播得到调整，每层输入的分布在随后的训练迭代中容易发生变化，这就破坏了学习过程的稳定性，学术界将这个问题称为协变量移位(covariate shift)。批规范化通过缩放每个小批量中的数值来解决这个问题，其计算方法与前面介绍的简单规范化公式有所不同。

假设 μ_B 为小批量数据 B 的均值，$\sigma_B{}^2$ 为 B 的方差，可按照下式计算规范化后的值 $\hat{x}$：

$$\hat{x} = \frac{x - \mu_B}{\sqrt{\sigma_B{}^2 + \varepsilon}} \tag{3.2}$$

为了数值计算的稳定性，避免零除错误，上式分母加了一项 ε，常常将该值设置为一个很小的正数，如 0.0001。

批规范化中并不直接使用已经规范化的数值 $\hat{x}$，而是将 $\hat{x}$ 乘以 γ 后再加上 β，最后将它作为输入传递给下一层，计算公式如下：

$$y = \gamma \hat{x} + \beta \tag{3.3}$$

就像网络权重和偏置一样，γ 和 β 是可训练的参数，它们一起在网络训练期间由优化器进行调优。这样做的好处是，可能将中间输入值标准化为不是 0 的均值且不是 1 的方差。因为 γ 和 β 是可训练的，网络可以学习什么值最有效。

批规范化限制了更新前一层中的参数对当前层所接收的输入分布的影响，减少了各层参数之间不必要的相互依赖，这有助于加快网络训练过程并增加其鲁棒性。

PyTorch 提供 nn.BatchNorm1d、nn.BatchNorm2d 和 nn.BatchNorm3d 数据集，分别用于不同维度的数据。可训练参数 weight 和 bias 分别对应前文的 γ 和 β，另外，还提供了 running_mean 和 running_var 参数，采用指数加权平均将之前的均值和方差计算进来。

批规范化对包括 DCGAN 在内的许多深度学习架构至关重要，它可以加快网络训练和收敛的速度，并衍生出一些类似的方法：层规范化(layer normalization)、实例规范化(instance normalization)和组规范化(group normalization)。

3.2　DCGAN 实现

本节使用 PyTorch 构建一个 DCGAN，使用 Celeb-A 数据集，通过向该深度卷积生成对抗网络展示许多真实名人的照片后，训练 DCGAN 生成新的名人照片。

3.2.1　加载 Celeb-A 数据集

本示例使用 Celeb-A 数据集，数据集网址为 http://mmlab.ie.cuhk.edu.hk/projects/CelebA.html，下载 img_align_celeba.zip 文件后解压缩至 datasets\celeba 目录下即可。

定义的超参数如代码 3.1 所示，其中的 DATAROOT 常量指向前文下载的 Celeb-A 数据集的解压目录。DCGAN 论文提到网络的几个训练细节，代码中分别设置为：①使用 Adam 优化算法更新参数，betas=(0.5, 0.999)，因此常量 BETA1 和 BETA2 按照论文设置；②batch size 选为 128，代码中常量 BATCH_SIZE 按照论文设置；③权重初始化使用均值为 0、标准差为 0.02 的正态分布，后文代码将按照论文设置；④学习率为 0.0002，就是代码中的常量 LR。

代码 3.1　**定义超参数**

```
# 超参数
DATAROOT = "../datasets/celeba"
WORKS = 2
BATCH_SIZE = 128
IMG_SIZE = 64
N_CHAN = 3
Z_DIM = 100
GEN_HIDDEN = 64
DESC_HIDDEN = 64
N_EPOCHS = 5
LR = 0.0002
BETA1 = 0.5
BETA2 = 0.999
NEG_SLOPE = 0.2  # Leaky ReLU 的负值非零斜率
DEVICE = torch.device("cuda" if torch.cuda.is_available() else "cpu")
PRINT_ITER = 50
LOGS_ITER = 500
OUT_DIR = "celeba_dcgan_output"
```

代码 3.2 中，首先定义 transforms.Compose 对象来串联多个图像转换的操作，这里的 Resize 方法用于调整输入图像为给定尺寸；CenterCrop 方法进行中心裁剪；ToTensor 方法会将 PIL 图像对象或 ndarray 数组转换为 Tensor，同时会将像素取值由[0,255]归一化为[0,1]范围，并将原来的形状(H, W, C)转置为(C, H, W)；Normalize 方法用给定的均值和标准差来规范化张量图像。然后使用 ImageFolder 类来读取按照特定格式存放的 Celeb-A 数据集图片。最后使用数据加载器 DataLoader 类来将数据集和样本抽样器组合在一起，提供给定数据集上的可迭代对象。

代码 3.2　**加载数据集**

```
# 图像转换
my_transform = transforms.Compose([
    transforms.Resize(IMG_SIZE),
    transforms.CenterCrop(IMG_SIZE),
    transforms.ToTensor(),
    transforms.Normalize((0.5, 0.5, 0.5), (0.5, 0.5, 0.5)),
])

# 加载数据集
dataset = datasets.ImageFolder(root=DATAROOT, transform=my_transform)
dataloader = DataLoader(dataset, batch_size=BATCH_SIZE, shuffle=True,
            num_workers=WORKS)
```

3.2.2　生成器网络实现

生成器用于将潜在空间(latent space)向量 z 映射到数据空间。由于要生成的数据是图像，将 z 转换到数据空间意味着最终要创建一个与训练图像大小完全相同的 RGB 图像，即 3×64×64 的张量。实践中需要通过一系列二维的跨越卷积层来完成，每个层都与一个二维批规范层 BatchNorm2d 和一个 ReLU 激活函数配对使用。生成器的输出需要通过 Tanh 激活函数将输入数据压缩到[−1,1]范围。注意，在跨越卷积层之后使用批规范层是 DCGAN 论文的主要贡献。

代码 3.3 是生成器网络的实现代码。由于除了最后一层是 nn.ConvTranspose2d 层后紧接 nn.Tanh 层外，所有层都是 nn.ConvTranspose2d 层紧接 nn.BatchNorm2d 层再接 nn.ReLU 层，因此编写一个 gen_block()函数来实现 DCGAN 生成器的网络块。Generator 类继承 nn.Module，在初始化__init__()方法体中定义 5 个网络块，实现图 3.1 中的网络结构，依次经过网络块的图像张量形状分别为 1024×4×4、512×8×8、256×16×16、128×32×32 和 3×64×64。前向传播方法 forward()直接调用上述 5 个网络块的模型，输入噪声数据 x 并返回网络输出。

代码 3.3　生成器网络

```
def gen_block(in_chan, out_chan, kernel_size=4, stride=2, padding=0, bias=False,
is_final_layer=False):
    """ 本函数返回 DCGAN 生成器的网络块，内含一个反卷积、一个批规范化(最后一层除外)和一个激
活函数 """
    if is_final_layer:
        return nn.Sequential(
            nn.ConvTranspose2d(in_chan, out_chan, kernel_size=kernel_size,
                                stride=stride, padding=padding, bias=bias),
            nn.Tanh()
        )
    else:
        return nn.Sequential(
            nn.ConvTranspose2d(in_chan, out_chan, kernel_size=kernel_size,
                                stride=stride, padding=padding, bias=bias),
            nn.BatchNorm2d(out_chan),
            nn.ReLU(inplace=True)
        )


class Generator(nn.Module):
    """ 生成器类 """

    def __init__(self, z_dim=100, im_chan=3, hidden_dim=64):
```

```
        super(Generator, self).__init__()
        self.gen = nn.Sequential(
            gen_block(z_dim, hidden_dim * 8, 4, 1, 0),
            gen_block(hidden_dim * 8, hidden_dim * 4, 4, 2, 1),
            gen_block(hidden_dim * 4, hidden_dim * 2, 4, 2, 1),
            gen_block(hidden_dim * 2, hidden_dim, 4, 2, 1),
            gen_block(hidden_dim, im_chan, 4, 2, 1, is_final_layer=True),
        )

    def forward(self, x):
        return self.gen(x)
```

3.2.3 判别器网络实现

　　判别器是一个二元分类网络，它将图像作为输入，并输出该输入图像为真的一个标量概率。该判别器的输入图像为一个 3×64×64 形状的图像张量，经过一系列 Conv2d、BatchNorm2d、LeakyReLU 层进行处理，最终通过 Sigmoid 激活函数输出为真的概率。如果有必要，这个体系结构可以扩展为更多层。

　　代码 3.4 是判别器网络的实现代码，其实现与生成器网络类似。由于除了最后一层是 nn.Conv2d 层后要紧接 nn.Sigmoid 层外，所有层都是 nn.Conv2d 层紧接 nn.BatchNorm2d 层再接 nn.LeakyReLU 层，因此编写一个 disc_block()函数来实现 DCGAN 判别器的网络块。Discriminator 类继承 nn.Module，在初始化__init__()方法体中定义 5 个网络块，实现图 3.1 中的网络结构，依次经过网络块的图像张量形状分别为 3×64×64、128×32×32、256×16×16、512×8×8 和 1024×4×4，顺序刚好与生成器相反。前向传播方法 forward()直接调用上述 5 个网络块的模型，输入数据 *x* 并返回网络输出。

代码 3.4　**判别器网络**

```
def disc_block(in_chan, out_chan, kernel_size=4, stride=2, padding=0,
               bias=False, is_final_layer=False):
    """ 本函数返回 DCGAN 判别器的网络块，内含一个卷积层、一个批规范化(最后一层除外)和一个激
活函数 """
    if is_final_layer:
        return nn.Sequential(
            nn.Conv2d(in_chan, out_chan, kernel_size, stride, padding, bias=bias),
            nn.Sigmoid(),
        )
    else:
        return nn.Sequential(
            nn.Conv2d(in_chan, out_chan, kernel_size, stride, padding, bias=bias),
            nn.BatchNorm2d(out_chan),
```

```
        nn.LeakyReLU(NEG_SLOPE, inplace=True),
    )


class Discriminator(nn.Module):
    """ 判别器类 """

    def __init__(self, im_chan=1, hidden_dim=16):
        super(Discriminator, self).__init__()
        self.main = nn.Sequential(
            disc_block(im_chan, hidden_dim, 4, 2, 1),
            disc_block(hidden_dim, hidden_dim * 2, 4, 2, 1),
            disc_block(hidden_dim * 2, hidden_dim * 4, 4, 2, 1),
            disc_block(hidden_dim * 4, hidden_dim * 8, 4, 2, 1),
            disc_block(hidden_dim * 8, 1, 4, 1, 0, is_final_layer=True),
        )

    def forward(self, x):
        return self.main(x)
```

3.2.4　DCGAN 训练

前文已经讲述过，DCGAN 论文规定所有的模型权重都要随机初始化，初始化为均值是 0 且标准差为 0.02 的正态分布。代码 3.5 中的 weights_init 函数把待初始化的模型作为输入，并初始化模型的所有卷积层、卷积转置层和批规范化层，以满足论文要求。该函数应用于模型后就立即初始化。

代码 3.5　初始化网络权重参数

```
def weights_init(m):
    """ 初始化生成器和判别器网络权重参数 """
    class_name = m.__class__.__name__
    # 设置初始化参数的 mean=0 且 std=0.02
    if class_name.find('Conv') != -1:
        nn.init.normal_(m.weight.data, 0.0, 0.02)
    elif class_name.find('BatchNorm') != -1:
        nn.init.normal_(m.weight.data, 1.0, 0.02)
        nn.init.constant_(m.bias.data, 0)
```

代码 3.6 用于实例化生成器和判别器网络，并且应用 weights_init 函数对两个网络进行初始化，最后打印两个网络的结构。

实例化生成器和判别器

```python
# 实例化生成器
gen = Generator(Z_DIM, N_CHAN, GEN_HIDDEN).to(DEVICE)
# 初始化生成器网络参数
gen.apply(weights_init)
print(gen)

# 实例化判别器
disc = Discriminator(N_CHAN, DESC_HIDDEN).to(DEVICE)
# 初始化判别器网络参数
disc.apply(weights_init)
print(disc)
```

代码 3.7 用于定义损失函数和优化函数，DCGAN 论文指定使用 Adam 优化算法，常量 BETA1 和 BETA2 按照论文设置。变量 iters 暂存训练迭代次数，gen_losses 和 disc_losses 分别记录生成器和判别器的损失值历史，为后续绘制损失曲线做准备。

代码 3.7 **定义损失函数和优化函数**

```python
# 损失函数
criterion = nn.BCELoss()

# 判别器和生成器都使用 Adam 优化函数
opt_disc = optim.Adam(disc.parameters(), lr=LR, betas=(BETA1, BETA2))
opt_gen = optim.Adam(gen.parameters(), lr=LR, betas=(BETA1, BETA2))

iters = 0
gen_losses = []
disc_losses = []
```

定义 GAN 框架的所有部分之后，就可以训练 GAN。注意，训练 GAN 在某种程度上是一种艺术，不正确的超参数设置会导致模式崩溃，而且很难解释究竟是什么问题。训练分为两个主要部分：先更新判别器网络，再更新生成器网络。代码 3.8 就是按照这个顺序来训练这两个网络的。

首先是训练判别器。回忆以前的概念可知，训练判别器的目标是最大化将给定输入数据正确分类为真实或虚假标签的概率，实际就是要最大化 $\log(D(x)) + \log(1 - D(G(z)))$。这分为两个步骤来做：第一步是从训练集中获取一个小批量的真实样本，通过判别器 D 进行前向传播，以计算 $\log(D(x))$，然后计算反向传播的梯度；第二步是从生成器构造一个小批量的虚假样本，通过判别器 D 进行前向传播，以计算 $\log(1 - D(G(z)))$，然后用反向传播累加梯度。最后根据累加梯度，调用判别器优化器 opt_disc 的 step()方法来更新判别器的网络参数。

接下来是训练生成器。Ian Goodfellow 的原论文希望通过最小化 $\log(1 - D(G(z)))$ 来训练生成器以便生成更好的虚假样本,但这样无法提供足够的梯度,尤其是在学习过程的早期。因此通过最大化 $\log(D(G(z)))$ 来间接达到这个目标。代码通过以下方式进行实现:用判别器对上一步的生成器输出进行分类,使用真实标签作为目标标签来计算生成器 G 的损失;再通过反向传播来计算 G 的梯度,最后调用优化器的 step() 方法来更新生成器 G 的网络参数。使用真实标签为损失函数的目标标签似乎违反直觉,但这非常有效。

最后,每过一段迭代训练步数间隔就保存真实图像和生成图像,形成日志,还保存判别器损失和生成器损失值历史,以便绘制损失曲线。

代码 3.8 模型训练

```python
print("开始训练! ")
for epoch in range(N_EPOCHS):
    for idx, (real, _) in enumerate(dataloader):

        # 更新判别器参数: max log(D(x)) + log(1 - D(G(z)))
        disc.zero_grad()
        real = real.to(DEVICE)
        n_images = real.size(0)
        label = torch.full((n_images,), 1., dtype=torch.float, device=DEVICE)
        disc_real = disc(real).view(-1)
        loss_disc_real = criterion(disc_real, label)
        loss_disc_real.backward()

        noise = torch.randn(n_images, Z_DIM, 1, 1, device=DEVICE)
        fake = gen(noise)
        label.fill_(0.)
        disc_fake = disc(fake.detach()).view(-1)
        loss_disc_fake = criterion(disc_fake, label)
        loss_disc_fake.backward()
        loss_disc = (loss_disc_real + loss_disc_fake) / 2
        opt_disc.step()

        # 更新生成器参数: max log(D(G(z)))
        gen.zero_grad()
        label.fill_(1.)
        disc_fake = disc(fake).view(-1)
        loss_gen = criterion(disc_fake, label)
        loss_gen.backward()
        opt_gen.step()
```

```
# 输出训练过程性能统计
if idx % PRINT_ITER == 0:
    print(f"轮：{epoch}/{N_EPOCHS} 迭代：{iters} D 损失：{loss_disc:.4f},
            G 损失：{loss_gen:.4f}")

# 保存真实图像和生成图像日志
if (iters % LOGS_ITER == 0) or ((epoch == N_EPOCHS - 1) and (idx ==
    len(dataloader) - 1)):
    with torch.no_grad():
        fake_samples = gen(fixed_noise).detach().cpu()[:64]
        real_samples = real.detach().cpu()[:64]
        fake_imgs = make_grid(fake_samples, padding=2, normalize=True)
        real_imgs = make_grid(real_samples, padding=2, normalize=True)

        save_image(real_imgs, os.path.join(OUT_DIR,
                    'real_samples.png'), normalize=False)
        save_image(fake_imgs, os.path.join(OUT_DIR,
                    'fake_samples_{}.png'.format(iters)), normalize=False)

# 保存损失以便后面绘图
gen_losses.append(loss_gen.item())
disc_losses.append(loss_disc.item())
iters += 1

torch.save(gen.state_dict(), os.path.join(OUT_DIR,
            'gen_{}.pth'.format(epoch)))
torch.save(disc.state_dict(), os.path.join(OUT_DIR,
            'disc_{}.pth'.format(epoch)))

utils.save_losses_curve(gen_losses, "训练中生成器的损失",
                        os.path.join(OUT_DIR, "gen_losses.png"))
utils.save_losses_curve(disc_losses, "训练中判别器的损失",
                        os.path.join(OUT_DIR, "disc_losses.png"))
```

3.2.5 运行结果展示

在文件夹 celeba_dcgan_output 中可以找到一些训练日志文件，其中 log.txt 是训练日志，disc_losses.png 和 gen_losses.png 分别是判别器损失曲线和生成器损失曲线，如图 3.17 和图 3.18 所示。

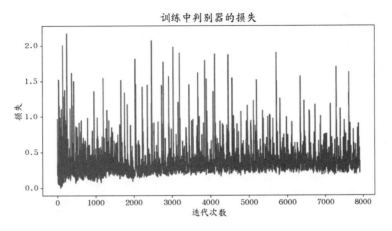

图 3.17　判别器损失曲线

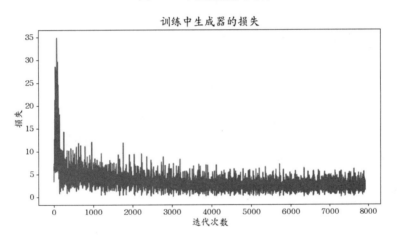

图 3.18　生成器损失曲线

另外，disc_x.pth 保存的是判别器网络模型的参数，其中 x 代表数字 0～4，就是训练 5 轮中每轮的网络参数；同样，gen_x.pth 保存的是生成器网络模型的参数。

图 3.19 是真实照片，图 3.20 是生成器生成的虚假照片。尽管虚假照片还有很多肉眼可见的缺陷，但对于只训练 5 轮的 DCGAN 来说，效果已经令人满意了。

图 3.19　真实照片

图 3.20　生成的虚假照片

完整程序请参见 celeba_dcgan.py。

3.1　查阅 torchvision 文档，了解 Transforms 模块的功能。

3.2　查阅 datasets 文档，了解 ImageFolder 数据集类的功能。

3.3　尝试运行 celeba_dcgan.py，修改超参数以训练更长时间，看看效果会有多好。

3.4　修改 celeba_dcgan.py 程序，使用不同的数据集(如 MNIST)看看能否达到预期效果。注：可参考 mnist_dcgan.py 程序。

3.5　阅读论文 *Unsupervised Representation Learning With Deep Convolutional Generative Adversarial Networks*，了解 DCGAN 技术细节。

3.6　阅读论文 *Batch Normalization: Accelerating Deep Network Training by Reducing Internal Covariate Shift*，了解批规范化技术细节。

3.7　说说批规范化的基本原理，以及为什么它会在 DCGAN 中起关键性作用。

3.8　查阅资料，了解类似批规范化的其他规范化技术，如层规范化、实例规范化和组规范化。

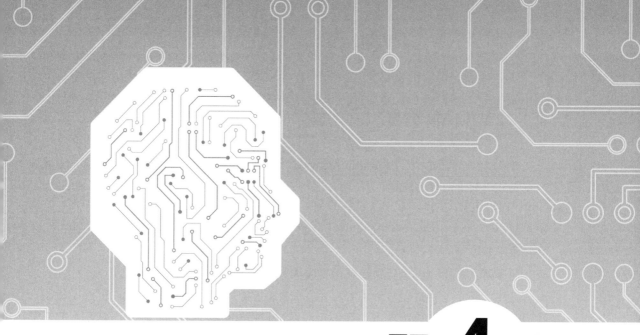

第 4 章

Wasserstein GAN

自从 2014 年 Ian Goodfellow 提出 GAN 架构以来，GAN 存在训练困难，生成器和判别器的损失趋势无法有效指导训练进程，生成样本缺乏多样性等问题。Wasserstein GAN(简称 WGAN)可以解决 GAN 训练不稳定的问题，不再需要小心谨慎地平衡生成器和判别器的训练进展；并且基本解决了 GAN 的模式崩溃问题，确保生成样本的多样性。

本章介绍 WGAN。首先介绍 WGAN 试图解决的问题，然后介绍 WGAN 基础，包括原始 GAN 的问题、推土机距离(Earth Mover's Distance, EMD)和 Wasserstein 损失的概念、1-Lipschitz 连续性限制，以及 WGAN 使用的权重裁剪方法和 WGAN-GP 使用的梯度惩罚方法，最后讲解如何使用 PyTorch 来实现 WGAN 和 WGAN-GP。

4.1　WGAN **介绍**

论文 *Wasserstein GAN*[①]是由 Martin Arjovsky 等学者于 2017 年预发表在 arXiv 上的，该论文一发表就引起了业界的注意，"GAN 之父"Ian Goodfellow 都曾参与讨论。Wasserstein GAN 成功地做到以下几点。

- 解决了 GAN 训练不稳定的问题，不再需要小心平衡生成器和判别器的训练进展，也不需要精心设计网络架构。
- 基本解决了模式崩溃问题，确保生成样本的多样性。
- 提供了一个与生成器收敛性和样本质量相关的、有意义的损失度量，提高了优化过程的稳定性。绘制学习曲线不仅对调试和超参数搜索有用，而且与观察到的样本质量非常相关。

WGAN 作者在先前的一篇论文 *Towards Principled Methods for Training Generative Adversarial Networks*[②]中分析原始 GAN 的问题所在，有针对性地给出改进要点，然后在论文 *Wasserstein GAN* 中给出了理论依据，最终提出改进算法的实现流程，其主要改进了以下 4 点。

- 判别器最后一层去掉 Sigmoid 激活函数。
- 生成器和判别器的损失不再取对数(log)。
- 每次更新判别器的参数之后将其裁剪到[$-c, c$]范围，其中 c 为阈值。
- 不要使用包括 momentum 和 Adam 在内的基于动量的优化算法，推荐使用 RMSProp 和 SGD。

WGAN 的理论分析巧妙、算法实现简单、实验效果极佳，掀起了一股研究热潮。但是作者 Martin Arjovsky 不久后就发现了 WGAN 的缺陷，于是和第一作者 Ishaan Gulrajani 一起发表了另一篇名为 *Improved Training of Wasserstein GANs*[③]的论文，这个改进型的 WGAN 称为 WGAN-GP。

WGAN-GP 提出一个称为 1-Lipschitz 限制的条件，其直观解释是当输入样本稍微变化时，判别器输出的预测分数不能过于剧烈地变化。在 WGAN 中，这个限制是通过权重裁剪

① https://arxiv.org/abs/1701.07875

② https://arxiv.org/abs/1701.04862

③ https://arxiv.org/abs/1704.00028

实现的，当判别器的参数完成更新之后，就检查判别器的网络参数的绝对值是否超过一个预设的阈值 c，如超过则将参数裁剪到 $[-c, c]$ 范围，也就是通过确保判别器网络参数值有界，间接实现 Lipschitz 限制。

权重裁剪在实现方式上是简单粗暴的。由于判别器希望尽可能拉开真假样本输出的分数，而权重裁剪会限制网络参数的取值范围，所以实际上网络参数会走极端，要么取最大值 c，要么取最小值 $-c$，这样判别器网络性能就会发生退化，导致其传给生成器的梯度也随之变差。权重裁剪的第二个问题是很容易导致梯度消失，如果裁剪阈值 c 设置得过小，经过多层网络后梯度会急剧衰减，导致梯度消失；反之，则发生梯度爆炸。

为此，WGAN-GP 论文中摒弃了权重裁剪的设计，而是设置了一个附加的损失项，将其与 WGAN 判别器原来的损失加权合并。WGAN-GP 论文作者创造性地提出：没有必要在整个样本空间上施加 Lipschitz 限制，只要在生成样本的集中区域、真实样本的集中区域以及它们中间的区域施加限制就可以了，因此可以在生成样本和真实样本的连线上进行随机插值采样。

权重裁剪与梯度惩罚两种方法的对照如图 4.1 所示。左图为 WGAN 梯度范数取不同值时使用权重裁剪会发生梯度爆炸或梯度消失，使用梯度惩罚时则不会。右图上部是使用权重裁剪将权重参数推向裁剪范围的两个极值，右图下部中使用梯度惩罚时权重参数的分布更为合理。

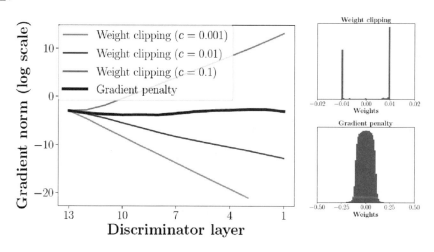

图 4.1　权重裁剪与梯度惩罚对照

WGAN-GP 论文还提到使用梯度惩罚方法需要注意的事项，具体细节请参见原论文。本章后面会展开讲解 WGAN、WGAN-GP 的基本原理与对应的 PyTorch 实现。

4.2 WGAN 基础

本节首先讨论为什么使用 BCE 损失训练的 GAN 容易引发梯度消失问题，然后叙述推土机距离和 Wasserstein 损失的概念，以及 1-Lipschitz 连续性限制，最后讲解 WGAN 使用的权重裁剪方法和 WGAN-GP 使用的梯度惩罚方法。

4.2.1 原始 GAN 的问题

原始 GAN 通常使用 BCE 损失(二元交叉熵损失)，它是训练 GAN 的传统方法所使用的损失函数，但并不是好的方法，使用 BCE 损失的 GAN 容易出现模式崩溃等问题。下面主要讨论为什么使用 BCE 损失训练的 GAN 容易受到梯度消失问题的影响。

BCE 损失函数是判别器错误分类样本的预测标签与实际标签的平均损失，如公式 4.1 所示。它分为两项，第一项是当输入样本为真的损失，第二项是当输入样本为假的损失。损失值越大，说明判别器的性能越差。生成器企图极大化该损失，因为这样就表明生成器成功地骗过了判别器，让判别器将虚假样本错误分类为真实样本；而判别器想要极小化该损失，因为这样就表明它做到正确分类。当然，判别器只能看到虚假样本，它并不能看到任何真实样本。生成器和判别器分别就损失函数的极大化和极小化展开博弈，通常称为极大极小博弈。

$$J(\boldsymbol{\theta}) = -\frac{1}{N}\left[\sum_{i=1}^{N} y^{(i)} \log(h(\boldsymbol{x}^{(i)};\boldsymbol{\theta})) + (1 - y^{(i)}) \log(1 - h(\boldsymbol{x}^{(i)};\boldsymbol{\theta}))\right] \tag{4.1}$$

式中，log 表示自然对数，$\boldsymbol{\theta}$ 为待优化参数，$h(\boldsymbol{x}^{(i)};\boldsymbol{\theta})$ 为假设函数。

生成器和判别器在训练时进行相互博弈，在极大极小博弈结束时，将整个 GAN 体系结构转换为更一般的目标，即生成数据的特征与真实分布非常相似，尽量使生成分布与真实分布接近。在整个训练过程中，判别器会努力区分出真实分布和生成分布，生成器则试图让生成分布尽量接近真实分布，如图 4.2 所示。

在使用 BCE 损失函数的 GAN 中，生成器和判别器扮演不同角色，判别器只需要输出 0 和 1 之间的单个预测值，预测输入样本的真假；但生成器却要产生由多个特征组成的诸如图像的复杂输出，试图欺骗判别器。因此，判别器的工作相对容易，毕竟欣赏画作比创作画作要容易得多。可以推断出，在训练过程中判别器更容易训练，而生成器更难训练，判别器的性能往往超过生成器。

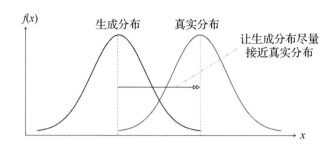

图 4.2　GAN 的目标是让生成分布尽量接近真实分布

但在训练刚开始的时候不是这样，因为判别器还不是很好，只能艰难地区分有一些重叠的生成分布和真实分布，因此它能够以非零梯度的形式向生成器提供有用的反馈。

随着判别器在训练中变得越来越好，它能更多地勾画出生成分布和真实分布，真实分布的均值逐渐趋近 1，生成分布的均值逐渐趋近 0，这样就可以更好地进行区分。当判别器性能更好时，它会给出更少的梯度接近零的信息反馈，而这对生成器几乎没有帮助，因为生成器不知道如何改进。梯度接近零就会产生梯度消失问题。

4.2.2　Wasserstein 损失

使用 BCE 损失来训练 GAN 经常会遇到模式崩溃和梯度消失问题，即便在 0 到 1 之间有无数个值，判别器的继续改进使得这些数值产生向下溢出导致梯度消失。下文将介绍一个称为推土机距离(EMD)的损失函数，它会测量两个概率分布之间的距离，并且通常优于使用 BCE 损失的代价函数，这有助于解决梯度消失问题。

假设真实分布和生成分布都是正态分布，方差相同但均值不同，如图 4.3 所示，图中的 μ_r 和 μ_g 分别为真实分布和生成分布的均值。推土机距离通过估算使生成分布与真实分布相等所需的工作量来测量这两种分布的差异，也就是说，将生成分布看成是一堆泥土，把这堆泥土移动到真实分布的位置，并将其塑造成真实分布的形状需要多大的工作量，这就是推土机距离的含义。该距离函数取决于需要移动的生成分布的距离和数量。

BCE 损失带来的问题是，由于最后一层使用 Sigmoid 激活函数，判别器的持续改进会导致其预测输出出现更多在 0 到 1 之间的极值，要么趋近 1，要么趋近 0。这对生成器的反馈就没有什么用处了，因此生成器会因为梯度消失问题而停止学习。然而，推土机距离就没有诸如 0 到 1 之间这种上限，无论这些分布的距离增大到多远，代价函数都会继续增长。当分布差异较大时，该距离函数没有平坦的区域，判别器可以有很大的改进。该距离的梯度不会趋近零，因此 GAN 不容易出现梯度消失问题，也不容易出现模式崩溃问题。

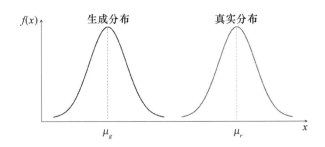

图 4.3　推土机距离

Wasserstein 损失简称 W 损失(W-Loss)，它是推土机距离的近似。

重新审视 BCE 损失计算公式可以发现，该公式是衡量判别器将输入样本判定为真或假的平均准确率。因此 GAN 生成器 G 希望极大化该损失，这表示判别器被以假乱真蒙蔽，判别器 D 则希望极小化该损失，这种极大极小博弈可用公式表示如下：

$$\min_D \max_G J(\boldsymbol{\theta}) \tag{4.2}$$

可以将 BCE 损失公式简化为下式，设对 N 个样本的损失求累加和再求均值得到的期望值为 $\mathbb{E}$。在求和运算的第一部分中，y 等于 1 表示真实样本，评估判别器对真实样本的分类性能是 $\mathbb{E}_{x\sim p_{\text{data}}(x)}(\log D(x))$；第二部分评估对生成器生成的虚假样本的分类性能是 $\mathbb{E}_{z\sim p_z(z)}(\log(1-D(G(z))))$，$y$ 等于 0，即 $1-y$ 等于 1，表示虚假样本。

$$\min_D \max_G -\Big[\mathbb{E}_{x\sim p_{\text{data}}(x)}(\log D(x)) + \mathbb{E}_{z\sim p_z(z)}(\log(1-D(G(z))))\Big] \tag{4.3}$$

W-Loss 损失则是对实际分布与生成分布之间的推土机距离的近似，但它有着比 BCE 损失更好的特性，尽管它看起来与 BCE 损失的简化形式非常相似。W-Loss 损失函数计算判别器预测的真假样本的期望值之差。注意，WGAN 往往将判别器称为批评家(critic)，因此公式中使用 C 来替代 D 表示判别器。

W-Loss 损失是将真实样本 x 输入到批评家 C 的期望，减去将虚假样本 $G(z)$ 输入到批评家 C 的期望。批评家评估这两个期望，希望能够极大化这两个期望之间的距离；同时，生成器希望极小化该距离，也就是希望批评家无法分辨真假。注意，W-Loss 损失函数中没有 log 运算，因此批评家的输出值不再局限于 0 到 1 之间。另外，批评家希望极大化 W-Loss，而判别器希望极小化 BCE 损失。公式如下：

$$\min_G \max_C \mathbb{E}_{x\sim p_{\text{data}}(x)}(C(x)) - \mathbb{E}_{z\sim p_z(z)}(C(G(z))) \tag{4.4}$$

为了让 BCE 损失有意义，判别器的预测输出范围必须是 0 到 1 之间，因此判别器使用 BCE 损失进行训练；其神经网络的输出层有一个 Sigmoid 激活函数，会将输出值压缩至 0 到 1 范围。而 W-Loss 完全没有这个要求，因此在判别器神经网络的输出层只是一个不加

Sigmoid 激活函数的线性层，从而产生任意实数的输出。由于 WGAN 的输出不再分为 0 和 1 两类，因此"判别器"一词就没有多大意义了。W-Loss 将原来的判别器改称为批评家，其目标是极大化批评家对真假两种样本的预测之间的距离。

总之，W-Loss 损失和 BCE 损失的主要区别在于：BCE 损失的判别器输出 0 到 1 之间的值，而 W-Loss 的批评家输出任意实数。它们的代价函数在形式上非常相似，但 W-Loss 不使用对数(log)运算。W-Loss 和 BCE 损失都评估批评家和判别器对真假两种样本的预测之间的距离，但判别器的输出在 0 和 1 之间有界，批评家的输出则无界，它只是尽可能地区分两个分布。正是由于批评家的输出无界，它没有梯度消失的问题，也缓解了模式崩溃，因为生成器总是能得到有用的反馈，从而能够持续改进。

4.2.3　1-Lipschitz 连续性限制

W-Loss 损失表现为一个简单的表达式，它计算批评家对真实样本 x 输出的期望值与对生成样本 $G(z)$ 的预测值之间的差值。生成器试图极小化该表达式，让生成样本尽可能接近真实样本；批评家则试图极大化该表达式，因为它想区分真假，从而使距离尽可能大。公式如下：

$$\min_G \max_C \mathbb{E}(C(\mathrm{x})) - \mathbb{E}(C(G(z))) \tag{4.5}$$

然而，使用 W-Loss 损失来训练 GAN 时，对批评家 C 有一个特殊的限制条件，该条件是必须满足一种称为 1-Lipschitz 的连续性限制，简称 1-L 连续。

要让批评家神经网络的函数满足 1-Lipschitz 连续，它的梯度范数最多只能是 1，也就是说，在函数任意一点上的斜率(或者梯度)都不能大于 1。

图 4.4 所示为不满足 1-L 连续的函数，因为在一些点上函数的斜率大于 1。图 4.5 所示为满足 1-L 连续的函数，因为在任意一点上函数的斜率都小于或等于 1，在图上表现为斜率在梯度为 1 和梯度为-1 的两条直线形成的夹角内。

总之，批评家使用 W-Loss 损失进行训练时，必须满足 1-Lipschitz 连续的限制条件，以便比较其真实样本和虚假样本之间的推土机距离是有效的。有两种方法来强制批评家在训练中满足 1-L 连续性：权重裁剪和梯度惩罚，分别对应 WGAN 和 WGAN-GP。

4.2.4　两种 1-L 连续性限制

我们已经知道，批评家满足 1-L 连续就意味着它的梯度范数在函数的每一个点上最大值为 1。假设 x 为图像，$f(x)$ 为任意函数，∇ 为梯度，如下公式表明函数梯度的 L2 范数小于或等于 1。

$$\left\|\nabla f(x)\right\|_2 \leqslant 1 \tag{4.6}$$

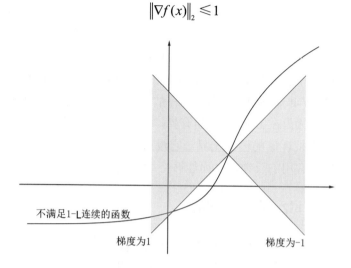

图 4.4　不满足 1-L 连续的函数

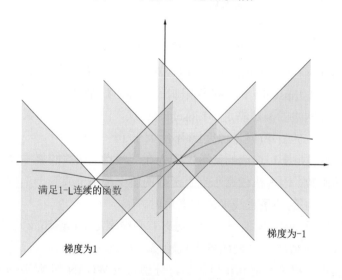

图 4.5　满足 1-L 连续的函数

　　我们希望批评家能满足 1-L 连续，也就是它的梯度范数最大只能是 1，确保满足该条件的两种常见方法是权重裁剪和梯度惩罚。

　　权重裁剪的具体做法是：将批评家神经网络的权重参数取值强制限定在一个固定的区间内。当使用梯度下降等优化算法更新网络权重参数之后，立即裁剪超出期望区间的权重。

也就是说，将超出限定区间的权重，无论是过高还是过低，都将强制设置为允许的最大值或最小值，这就是权重剪裁。这种方法的缺点是，将批评家的权重限定在一个有限的范围内可能会限制其学习能力，最终会影响梯度的传播。这是因为，如果批评家网络权重不能接收很多不同的参数值，它可能无法找到合适的局部最优点，因此得不到持续改进。这就可能面临两难境地：如果强制满足 1-L 连续性，就有可能过多限制批评家；如果不对权重做足够的裁剪，则又有可能对批评家限制太少。

梯度惩罚是另一种强制批评家网络满足 1-L 连续的方法，它是在损失函数中加入一个正则化项。与直接裁剪权重的简单粗暴相比，梯度惩罚显得温和一些。作为损失函数的附加项，正则化项在批评家的梯度范数大于 1 时就会施加惩罚。下面公式中的 reg 表示正则化项(后文将展开讲解 reg)，超参数 λ 为正则化项的权重。

$$\min_G \max_C \mathbb{E}(C(x)) - \mathbb{E}(C(G(z))) + \lambda \text{reg} \tag{4.7}$$

实际上不太可能在特征空间的每个可能点上都去检查批评家的梯度是否满足要求，或者难以实际操作。WGAN-GP 论文认为，只沿着真实样本和生成样本形成的线段上实施强制似乎就足够，并且在实验中产生了良好的性能。因此一种可行的办法是在实现中使用梯度惩罚，通过在真实样本和虚假样本之间的线段上进行插值来采样一些点。例如，可以对一组真实图像和一组生成图像进行采样，各取一张图像，然后通过使用随机数 ε 来对两个图像进行插值，得到一个随机插值中间图像。用户可以将这个插值图像称为 $\hat{x}$，在 $\hat{x}$ 上确保批评家的梯度小于或等于 1 即可，如图 4.6 所示。

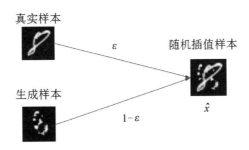

图 4.6　梯度惩罚中的随机插值原理

将 $\hat{x}$ 输入到批评家网络，得到批评家预测在 $\hat{x}$ 上的梯度，然后取梯度范数并将范数限制为 1。注意，下面公式里的惩罚条件已经有所变化，从原来的将梯度范数最大为 1，改变为梯度范数趋近 1，惩罚 1 以外的所有值。公式里的平方项表明惩罚的是距离的平方，当梯度范数离 1 更远的时候会加大惩罚力度。

$$\text{reg} = \mathbb{E}\left(\left\|\nabla C(\hat{x})\right\|_2 - 1\right)^2 \tag{4.8}$$

其中，$\hat{x} = \varepsilon x + (1-\varepsilon)G(z)$。

梯度惩罚并没有严格保证满足 1-L 连续性，但它无疑会比权重裁剪工作得更好。在梯度惩罚 W-Loss 的完整损失函数表达式中，可以分为两个部分：第一部分用于近似推土机距离，这是 W-Loss 的主要损失项，使 GAN 不容易发生模式崩溃和梯度消失；第二部分是一个正则化项，它试图让批评家满足 1-L 连续性条件以使主要损失项有效。公式如下：

$$\min_G \max_C \mathbb{E}(C(x)) - \mathbb{E}(C(G(z))) + \lambda\mathbb{E}\left(\left\|\nabla C(\hat{x})\right\|_2 - 1\right)^2 \tag{4.9}$$

其中，λ 称为惩罚系数(penalty coefficient)，按照经验取 λ 为 10。

另外，WGAN-GP 论文还提到两个经验。第一是批评家不要使用批规范化，这是因为批规范化改变了批评家问题的形式，在这种情况下惩罚训练目标不再有效，原因是对每个输入单独惩罚批评家梯度范数，而不是整个小批量输入，因此推荐使用层规范化来临时替代批规范化。第二是使用让梯度范数趋近 1 的双边惩罚(two-sided penalty)而非小于或等于 1 的单边惩罚(one-sided penalty)。从经验上看，这似乎并没有过多地限制批评家，但作者发现这样性能稍好一些。

本小节重点讲述了权重裁剪和梯度惩罚这两种方法来强制批评家满足 1-L 连续。其中权重裁剪需要调整超参数，以免过多或过少地限制批评家在训练中的学习；梯度惩罚是满足 1-L 连续的一种较温和方式，它并没有严格强制批评家的梯度范数在每个点上都小于 1，但它工作得更稳定。

4.2.5 WGAN 和 WGAN-GP 算法

为了便于使用 PyTorch 实现 WGAN 算法，算法 4.1 给出 WGAN 算法的伪代码。

算法 4.1   WGAN 算法

算法描述：WGAN 算法，所有实验均使用默认值α=0.00005，c=0.01，N=64，n_{critic}=5
要求：α为学习率，c为裁剪阈值参数，N为批量大小，n_{critic}为生成器每迭代一次时批评家的迭代次数。w_0为批评家初始网络参数，θ_0为生成器初始网络参数。

1: **while** θ 未收敛 **do**

2:     **for** t = 0, …, n_{critic} **do**

3:         从真实数据中抽样一批数据$\left\{x^{(i)}\right\}_{i=1}^{N} \sim P_r$

4:         从噪声中抽样一批先验样本$\left\{z^{(i)}\right\}_{i=1}^{N} \sim p(z)$

5:         $g_w \leftarrow \nabla_w\left[\frac{1}{N}\sum_{i=1}^{N} f_w\left(x^{(i)}\right) - \frac{1}{N}\sum_{i=1}^{N} f_w\left(g_\theta\left(z^{(i)}\right)\right)\right]$

6:         $w \leftarrow w + \alpha \cdot \text{RMSProp}\left(w, g_w\right)$

7:　　　　$w \leftarrow \text{clip}\left(w, -c, c\right)$

8:　　**end for**

9:　　从噪声中抽样一批先验样本 $\left\{z^{(i)}\right\}_{i=1}^{N} \sim p(z)$

10:　　　$g_{\theta} \leftarrow -\nabla_{\theta} \dfrac{1}{N} \sum_{i=1}^{N} f_{w}\left(g_{\theta}\left(z^{(i)}\right)\right)$

11:　　　$\theta \leftarrow \theta + \alpha \cdot \text{RMSProp}\left(\theta, g_{\theta}\right)$

12: **end while**

算法 4.2 给出了 WGAN-GP 算法的伪代码。

算法 4.2　　WGAN-GP 算法

算法描述：WGAN-GP 算法，所有实验均使用默认值 $\lambda=10$，$n_{\text{critic}}=5$，$\alpha=0.0001$，$\beta_1=0$，$\beta_2=0.9$
要求：梯度惩罚系数 λ，生成器每迭代一次时批评家的迭代次数 n_{critic}，批量大小 N，Adam 超参数 α、
β_1、β_2。
批评家初始网络参数 w_0，为生成器初始网络参数 θ_0。

1: **while** θ 未收敛 **do**

2:　　**for** $t = 0, \ldots, n_{\text{critic}}$ **do**

3:　　　　**for** $i = 0, \ldots, N$ **do**

4:　　　　　　抽样真实数据 $x \sim P_r$，潜变量 $z \sim p(z)$，随机数 $\varepsilon \sim U[0,1]$

5:　　　　　　$\tilde{x} \leftarrow G_{\theta}(z)$

6:　　　　　　$\hat{x} \leftarrow \varepsilon x + (1 - \varepsilon)\tilde{x}$

7:　　　　　　$L^{(i)} \leftarrow D_w(\tilde{x}) - D_w(x) + \lambda\left(\left\|\nabla_{\hat{x}} D_w(\hat{x})\right\|_2 - 1\right)^2$

8:　　　　**end for**

9:　　　　$w \leftarrow \text{Adam}\left(\nabla_w \dfrac{1}{N}\sum_{i=1}^{N} L^{(i)}, w, \alpha, \beta_1, \beta_2\right)$

10:　　**end for**

11:　　重抽样一批潜变量 $\left\{z^{(i)}\right\}_{i=1}^{N} \sim p(z)$

12:　　$\theta \leftarrow \text{Adam}\left(\nabla_{\theta} \dfrac{1}{N}\sum_{i=1}^{N} -D_w\left(G_{\theta}(z)\right), \theta, \alpha, \beta_1, \beta_2\right)$

13: **end while**

4.3　WGAN 实现

本节使用 PyTorch 实现一个使用 MNIST 数据集的 WGAN，其核心思想是不使用原始 GAN 的交叉熵损失函数，也就是不去做一个二元分类任务，因此在判别器的最后一层不再使用 Sigmoid 激活函数，而是使用线性层做一个回归任务，近似极小化 Wasserstein 距离。

4.3.1　判别器实现

　　WGAN 判别器使用了 3 个网络块，每一个块都是 nn.Conv2d 层紧接 nn.BatchNorm2d 层再接 nn.LeakyReLU 层，由于功能比较简单，因此没有单独编写一个网络块的函数。3 个网络块之后还加了一个 nn.AvgPool2d 平均池化层。前向传播方法 forward() 调用 view() 方法，将四维张量转换为二维，添加一个 nn.Linear 线性层，最终使输出神经元个数为 1。WGAN 判别器类如代码 4.1 所示，该类名还是取传统的 Discriminator，没有使用新的 Critic，这样可保持一致性。注意，判别器网络没有使用 Sigmoid 函数，因为 WGAN 面对的是回归任务。

代码 4.1　WGAN 判别器类

```python
class Discriminator(nn.Module):
    """ WGAN 判别器 """

    def __init__(self, in_channel=1):
        super(Discriminator, self).__init__()
        self.disc = nn.Sequential(
            nn.Conv2d(in_channel, 512, 3, stride=2, padding=1, bias=False),
            nn.BatchNorm2d(512),
            nn.LeakyReLU(0.2),

            nn.Conv2d(512, 256, 3, stride=2, padding=1, bias=False),
            nn.BatchNorm2d(256),
            nn.LeakyReLU(0.2),

            nn.Conv2d(256, 128, 3, stride=2, padding=1, bias=False),
            nn.BatchNorm2d(128),
            nn.LeakyReLU(0.2),
            nn.AvgPool2d(4),
        )
        self.fc = nn.Sequential(
            nn.Linear(128, 1),
        )

    def forward(self, image):
        """ 给定一个四维图像张量，返回一个表示对应图像真假的二维张量，注意没有使用 Sigmoid
函数 """
        out = self.disc(image)
        # 用于将四维张量变成二维
        out = out.view(out.size(0), -1)
        out = self.fc(out)
        return out
```

4.3.2 生成器实现

WGAN 生成器使用了 3 个网络块，前两个块都是 nn.ConvTranspose2d 层紧接
nn.BatchNorm2d 层再接 nn.ReLU 层，只有最后一个块没有使用 nn.BatchNorm2d 层，并将激
活函数改为 nn.Tanh 层，以便输出-1 到+1 之间的值。由于功能比较简单，就没有单独编写
一个网络块的函数。为了简化，代码使用一个 nn.Linear 线性层先将 100 维噪声转换为 $4 \times 4 \times$
512 的特征图，后接一个 nn.ReLU 层。WGAN 生成器类如代码 4.2 所示。

代码 4.2 WGAN 生成器类

```python
class Generator(nn.Module):
    """ WGAN 生成器 """

    def __init__(self, input_size=100):
        super(Generator, self).__init__()
        self.fc = nn.Sequential(
            # 将 100 维噪声转换为 4 × 4 特征图
            nn.Linear(input_size, 4 * 4 * 512),
            nn.ReLU(),
        )
        self.gen = nn.Sequential(
            nn.ConvTranspose2d(512, 256, 3, stride=2, padding=1, bias=False),
            nn.BatchNorm2d(256),
            nn.ReLU(),

            nn.ConvTranspose2d(256, 128, 4, stride=2, padding=1, bias=False),
            nn.BatchNorm2d(128),
            nn.ReLU(),

            nn.ConvTranspose2d(128, 1, 4, stride=2, padding=1, bias=False),
            nn.Tanh(),
        )

    def forward(self, noise):
        """ 给定一个噪声张量，返回生成的图像 """
        # 先将 100 维噪声转换为 4 × 4 的特征图
        noise = noise.view(noise.size(0), -1)
        out = self.fc(noise)
        out = out.view(out.size(0), 512, 4, 4)
        # 然后生成图像
        out = self.gen(out)
        return out
```

4.3.3 WGAN 训练

代码 4.3 用于加载数据集，它首先使用一个变量 fixed_noise 来存储用于测试的固定噪声，然后定义 transforms.Compose 对象来串联两个图像转换的操作，这里的 ToTensor 将 PIL 图像对象或 ndarray 数组转换为张量 Tensor，同时会将像素的取值[0, 255]归一化为[0, 1]范围，并将原来的形状(H, W, C)转置为(C, H, W)；Normalize 用给定的均值和标准差来规范化张量图像，最后加载 MNIST 数据集。

代码 4.3   加载数据集

```
# 用于测试的固定噪声
fixed_noise = get_noise(64, Z_DIM, device=DEVICE)

# 图像转换
my_transform = transforms.Compose([
    transforms.ToTensor(),
    transforms.Normalize(mean=[0.5], std=[0.5]),
])

# 加载数据集
dataset = datasets.MNIST(root=DATAROOT, train=True, transform=my_transform,
        download=False)
dataloader = DataLoader(dataset=dataset, batch_size=BATCH_SIZE, shuffle=True)
```

代码 4.4 用于实例化生成器和判别器，然后初始化这两个网络的参数，最后打印输出两个网络结构。

代码 4.4   实例化生成器和判别器

```
# 实例化生成器
gen = Generator(Z_DIM).to(DEVICE)
# 初始化生成器网络参数
gen.apply(weights_init)
print(gen)

# 实例化判别器
disc = Discriminator().to(DEVICE)
# 初始化判别器网络参数
disc.apply(weights_init)
print(disc)
```

由于 WGAN 不能使用 BCE 损失函数，因此必须将原来定义的 criterion 语句作为注释。而且 WGAN 建议不使用基于动量的 Adam 优化函数，因此判别器和生成器都使用 RMSprop 优化函数。变量 iters 暂存训练迭代次数，gen_losses 和 disc_losses 分别记录生成器和判别器的损失值历史，为后续绘制损失曲线做准备。实例化优化函数如代码 4.5 所示。

代码 4.5　实例化优化函数

```
# 不使用 BCE 损失函数，下面一句不能用！
# criterion = nn.BCEWithLogitsLoss()

# 判别器和生成器都使用 RMSprop 优化函数，建议不使用 Adam 优化函数
disc_opt = RMSprop(disc.parameters(), lr=LR)
gen_opt = RMSprop(gen.parameters(), lr=LR)

iters = 0
# 训练过程中的损失
gen_losses = []
disc_losses = []
```

代码 4.6 使用两重循环迭代加载数据并进行训练，其中外重循环用于迭代训练轮次，内重循环用于迭代每轮里的小批量数据。

代码 4.6　迭代加载数据并进行训练

```
for epoch in range(N_EPOCHS):
    for idx, (real, _) in enumerate(dataloader):
        cur_batch_size = len(real)
        real = real.to(DEVICE)
```

代码 4.7 用于更新判别器网络参数。由于不再使用 BCE 损失函数，因此代码中直接取预测值的均值作为损失。对于判别器来说，生成样本的损失越小越好，真实样本的损失越大越好，因此 disc_real_loss 取负值。然后根据计算的损失值来更新判别器网络参数，随后调用 param.data.clamp_() 函数将网络参数截断为不超过一个固定常数，该常数由常量 CLAMP_NUM 定义，设为 0.01。

代码 4.7　更新判别器参数

```
# 更新判别器参数
disc_opt.zero_grad()
fake_noise = get_noise(cur_batch_size, Z_DIM, device=DEVICE)
fake = gen(fake_noise)
disc_fake_pred = disc(fake.detach())
# 直接取预测为假的均值作为损失
disc_fake_loss = torch.mean(disc_fake_pred)
disc_real_pred = disc(real)
# 直接取预测为真的均值作为损失
disc_real_loss = torch.mean(disc_real_pred)
# 对于判别器来说，虚假样本的损失越小越好，真实样本的损失越大越好
loss_disc = disc_fake_loss - disc_real_loss
```

```
loss_disc.backward(retain_graph=True)
disc_opt.step()

# 更新判别器参数后将其截断为不超过一个固定常数
for param in disc.parameters():
    param.data.clamp_(- CLAMP_NUM, CLAMP_NUM)
```

代码 4.8 用于更新生成器网络参数。其中常量 N_CRITIC 用于设定训练多少次判别器才训练 1 次生成器，这里值取为 5。和判别器一样，生成器也不使用 BCE 损失函数，因此直接取预测值的均值作为损失。注意，计算预测均值后取负值，这是因为生成器希望能骗过判别器。

代码 4.8　更新生成器参数

```
# 可以训练多次判别器才训练 1 次生成器
if iters % N_CRITIC == 0:
    # 更新生成器参数
    gen_opt.zero_grad()
    fake_noise_2 = get_noise(cur_batch_size, Z_DIM, device=DEVICE)
    fake_2 = gen(fake_noise_2)
    disc_fake_pred = disc(fake_2)
    # 直接取预测均值作为损失，注意此处为负值，生成器希望骗过判别器，希望判别器将假的当成真的
loss_gen = - torch.mean(disc_fake_pred)
loss_gen.backward()
gen_opt.step()
```

4.3.4　WGAN 结果

在文件夹 mnist_wgan_output 中，可以找到一些训练日志文件。其中的 log.txt 是训练日志；disc_losses.png 和 gen_losses.png 分别是判别器损失曲线和生成器损失曲线，限于篇幅，这里就不展示了。图 4.7 为训练 50 轮后的 WGAN 所生成的手写数字。

图 4.7　WGAN 生成的手写数字

完整代码请参见 mnist_wgan.py 程序。

4.4　WGAN-GP 实现

WGAN 在实际的实验过程中相比原始 GAN 的提升并不明显，仍然存在训练困难、收敛速度慢的问题，WGAN-GP 论文将问题归咎于直接使用权重裁剪来处理 Lipschitz 限制，并提出一个梯度惩罚(gradient penalty)方案。其中 Lipschitz 限制要求判别器的梯度不超过一个预设值，梯度惩罚则给损失函数增加一个额外的惩罚项来限制梯度。

本节使用 PyTorch 来实现一个 WGAN-GP，其仍然使用 MNIST 数据集。

4.4.1　判别器实现

首先实现一个 WGAN-GP 判别器类，该类名还是取传统的 Discriminator，没有使用新的 Critic 名称，如代码 4.9 所示。WGAN-GP 判别器使用了 3 个网络块，每一个块都是 nn.Conv2d 层紧接 nn.LeakyReLU 层，由于功能比较简单，因此没有单独编写一个网络块的函数。注意，这里没有使用 nn.BatchNorm2d 层，原因在 WGAN-GP 论文里明确提到过：3 个网络块之后还加了 1 个 nn.AvgPool2d 平均池化层。前向传播方法 forward() 调用 view() 方法将四维张量转换为二维，添加一个 nn.Linear 线性层，最终使输出神经元个数为 1。注意，网络没有使用 Sigmoid 激活函数，这是因为 WGAN-GP 面临的是回归任务。

代码 4.9　WGAN-GP 判别器类

```
class Discriminator(nn.Module):
    """ WGAN-GP 判别器 """

    def __init__(self, in_channel=1):
        super(Discriminator, self).__init__()
        self.disc = nn.Sequential(
            nn.Conv2d(in_channel, 512, 3, stride=2, padding=1, bias=False),
            # nn.BatchNorm2d(512),
            nn.LeakyReLU(0.2),

            nn.Conv2d(512, 256, 3, stride=2, padding=1, bias=False),
            # nn.BatchNorm2d(256),
            nn.LeakyReLU(0.2),

            nn.Conv2d(256, 128, 3, stride=2, padding=1, bias=False),
            # nn.BatchNorm2d(128),
            nn.LeakyReLU(0.2),
```

```
        nn.AvgPool2d(4),
    )
    self.fc = nn.Sequential(
        nn.Linear(128, 1),
    )

def forward(self, image):
    """ 给定一个四维图像张量，返回一个表示对应图像真假的二维张量，注意没有使用 Sigmoid
函数 """
    out = self.disc(image)
    # 用于将四维张量变成二维
    out = out.view(out.size(0), -1)
    out = self.fc(out)
    return out
```

4.4.2 生成器实现

WGAN-GP 生成器使用 3 个网络块，前两个块都是 nn.ConvTranspose2d 层紧接 nn.BatchNorm2d 层再接 nn.ReLU 层，只有最后一个块没有使用 nn.BatchNorm2d 层，并将激活函数改为 nn.Tanh 层。由于功能比较简单，就没有单独编写一个网络块的函数。为了简化，代码使用一个 nn.Linear 线性层先将 100 维噪声转换为 $4 \times 4 \times 512$ 的特征图，后接一个 nn.ReLU 层。WGAN-GP 生成器类如代码 4.10 所示。

代码 4.10 | **WGAN-GP 生成器类**

```
class Generator(nn.Module):
    """ WGAN-GP 生成器 """

    def __init__(self, input_size=100):
        super(Generator, self).__init__()
        self.fc = nn.Sequential(
            # 将 100 维噪声转换为 4 × 4 特征图
            nn.Linear(input_size, 4 * 4 * 512),
            nn.ReLU(),
        )
        self.gen = nn.Sequential(
            nn.ConvTranspose2d(512, 256, 3, stride=2, padding=1, bias=False),
            nn.BatchNorm2d(256),
            nn.ReLU(),

            nn.ConvTranspose2d(256, 128, 4, stride=2, padding=1, bias=False),
            nn.BatchNorm2d(128),
            nn.ReLU(),
```

```
        nn.ConvTranspose2d(128, 1, 4, stride=2, padding=1, bias=False),
        nn.Tanh(),
    )

    def forward(self, noise):
        """ 给定一个噪声张量，返回生成的图像 """
        # 先将 100 维噪声转换为 4 × 4 特征图
        noise = noise.view(noise.size(0), -1)
        out = self.fc(noise)
        out = out.view(out.size(0), 512, 4, 4)
        # 然后生成图像
        out = self.gen(out)
        return out
```

4.4.3 损失函数实现

WGAN-GP 实现的重点是计算梯度惩罚损失，为此专门编写一个如代码 4.11 所示的 compute_gradient_penalty()函数来实现这个功能。该函数首先生成一个随机权重项，然后使用随机权重项来计算真实样本和生成样本中间的随机插值，并将其输入到判别器以计算评分，接着计算插值图像评分的梯度，最后按照前文的 $\mathbb{E}(\|\nabla C(\hat{x})\|_2 - 1)^2$ 公式计算梯度惩罚项并返回结果。

代码 4.11 计算梯度惩罚损失

```
def compute_gradient_penalty(disc, real_samples, fake_samples):
    """ 计算 gradient penalty 损失 """
    # 随机权重项
    epsilon = torch.rand((real_samples.size(0), 1, 1, 1), device=DEVICE)
    # 计算随机插值
    interpolates = (epsilon * real_samples + ((1 - epsilon) *
fake_samples)).requires_grad_(True)
    # 计算判别器评分
    d_interpolates = disc(interpolates)
    fake = torch.ones(real_samples.shape[0], 1, device=DEVICE)
    # 计算插值图像评分的梯度
    gradients = autograd.grad(
        outputs=d_interpolates,
        inputs=interpolates,
        grad_outputs=fake,
        create_graph=True,
        retain_graph=True,
        only_inputs=True,
    )[0]
    gradients = gradients.view(gradients.size(0), -1)
```

```
gradient_penalty = ((gradients.norm(2, dim=1) - 1) ** 2).mean()
return gradient_penalty
```

代码中使用 autograd.grad()函数来对输入变量进行求导，该函数的原型如下：

```
torch.autograd.grad(outputs, inputs, grad_outputs=None, retain_graph=None,
create_graph=False, only_inputs=True, allow_unused=None, is_grads_batched=False,
materialize_grads=False)
```

此函数功能是计算并返回相对于输入的输出梯度之和。其中，outputs 为微分函数的输出；inputs 为要返回梯度的输入；grad_outputs 为雅可比矩阵的向量，通常对每个输出都要求梯度，对于标量张量或不需要梯度的张量，可以指定为 None 值，否则应该提供此参数，默认值为 None；retain_graph 为是否保持计算图；create_graph 为 True，则将构造导数图，从而可以计算高阶导数；only_inputs 参数已弃用，现在将被忽略；allow_unused 如果为 False，则指定在计算输出时未使用的输入就会出错；is_grads_batched 如果为 True，则 grad_outputs 中每个张量的第一个维度将解释为小批量维度；materialize_grads 如果为 True，则将未使用输入的梯度设置为零，而不是 None。

4.4.4 WGAN-GP 训练

代码 4.12 为加载数据集，它首先使用变量 fixed_noise 来存储用于测试的固定噪声，然后定义 transforms.Compose 对象来串联两个图像转换的操作，这里的 ToTensor 是将 PIL 图像对象或 ndarray 数组转换为张量 Tensor，同时会将像素的取值[0, 255]归一化为[0, 1]范围，并将原来的形状(H, W, C)转置为(C, H, W)；Normalize 会用给定的均值和标准差来规范化张量图像，最后加载 MNIST 数据集。

代码 4.12 加载数据集

```
# 用于测试的固定噪声
fixed_noise = get_noise(64, Z_DIM, device=DEVICE)

# 图像转换
my_transform = transforms.Compose([
    transforms.ToTensor(),
    transforms.Normalize(mean=[0.5], std=[0.5]),
])

# 加载数据集
dataset = datasets.MNIST(root=DATAROOT, train=True, transform=my_transform,
download=False)
dataloader = DataLoader(dataset=dataset, batch_size=BATCH_SIZE, shuffle=True)
```

代码 4.13 用于实例化生成器和判别器，并初始化这两个网络的参数，以及打印输出两个网络结构。然后定义优化函数——这里的判别器和生成器都使用 Adam 优化函数，WGAN 不建议使用 Adam，但 WGAN-GP 取消了这个限制。变量 iters 用于暂存当前的训练迭代次数，gen_losses 和 disc_losses 分别记录生成器和判别器的损失值历史，为后续绘制损失曲线做准备。

代码 4.13　实例化生成器和判别器

```
# 实例化生成器
gen = Generator(Z_DIM).to(DEVICE)
# 初始化生成器网络参数
gen.apply(weights_init)
print(gen)

# 实例化判别器
disc = Discriminator().to(DEVICE)
# 初始化判别器网络参数
disc.apply(weights_init)
print(disc)

# 判别器和生成器都使用 Adam 优化函数
disc_opt = Adam(disc.parameters(), lr=LR, betas=(BETA_1, BETA_2))
gen_opt = Adam(gen.parameters(), lr=LR, betas=(BETA_1, BETA_2))

iters = 0
# 训练过程中的损失
gen_losses = []
disc_losses = []
```

代码 4.14 使用了两重循环迭代加载数据并进行训练，其中外重循环用于迭代训练轮次，内重循环用于迭代每轮里的小批量数据。

代码 4.14　迭代加载数据并进行训练

```
for epoch in range(N_EPOCHS):
    for idx, (real, _) in enumerate(dataloader):
        cur_batch_size = len(real)
        real = real.to(DEVICE)
```

代码 4.15 用于更新判别器参数。由于不再使用 BCE 损失函数，因此这里直接取预测值的均值作为损失。对于判别器来说，虚假样本的损失越小越好，真实样本的损失越大越好，因此 disc_real_loss 取负值，后面再加上调用 compute_gradient_penalty() 函数得到的梯度惩罚项。最后就是根据计算的损失值来更新判别器参数。

代码 4.15 更新判别器参数

```
# 更新判别器参数
disc_opt.zero_grad()
fake_noise = get_noise(cur_batch_size, Z_DIM, device=DEVICE)
fake = gen(fake_noise)
grad_penalty = P_COEFF * compute_gradient_penalty(disc, real.data, fake.data)

# Wasserstein 损失
disc_fake_pred = disc(fake.detach())
# 直接取预测均值作为损失
disc_fake_loss = torch.mean(disc_fake_pred)
disc_real_pred = disc(real)
# 直接取预测均值作为损失
disc_real_loss = torch.mean(disc_real_pred)
# 对于判别器来说，虚假样本的损失越小越好，真实样本的损失越大越好
loss_disc = disc_fake_loss - disc_real_loss + grad_penalty
loss_disc.backward(retain_graph=True)
disc_opt.step()
```

代码 4.16 用于更新生成器参数。其中常量 N_CRITIC 用于设定训练多少次判别器才训练 1 次生成器，这里该值取 5。和判别器一样，生成器也不使用 BCE 损失函数，因此直接取预测值的均值作为损失。注意，计算预测均值后须取负值，这是因为生成器希望能骗过判别器。

代码 4.16 更新生成器参数

```
# 可以训练多次判别器才训练一次生成器
if iters % N_CRITIC == 0:
    # 更新生成器参数
    gen_opt.zero_grad()
    fake_noise_2 = get_noise(cur_batch_size, Z_DIM, device=DEVICE)
    fake_2 = gen(fake_noise_2)
    disc_fake_pred = disc(fake_2)
    # 直接取预测均值作为损失，注意，此处为负值，生成器希望骗过判别器，希望判别器将假的当成真的
    loss_gen = - torch.mean(disc_fake_pred)
    loss_gen.backward()
    gen_opt.step()
```

4.4.5　WGAN-GP 结果

在文件夹 mnist_wgan-gp_output 中，可以找到一些训练日志文件。其中的 log.txt 是训练日志，disc_losses.png 和 gen_losses.png 分别是判别器损失曲线和生成器损失曲线，

real_samples.png 是真实样本图像，fake_samples_xx.png 是生成样本图像。

图 4.8 所示为训练 50 轮后的 WGAN-GP 所生成的手写数字。

图 4.8　WGAN-GP 生成的手写数字

完整代码请参见 mnist_wgan_gp.py 程序。

习　题

4.1　阅读 *Towards Principled Methods for Training Generative Adversarial Networks* 论文，了解原始 GAN 的问题以及 WGAN 的改进要点。

4.2　阅读 *Wasserstein GAN* 论文，了解 WGAN 技术细节。

4.3　阅读 *Improved Training of Wasserstein GANs* 论文，了解 WGAN-GP 技术细节。

4.4　阅读并运行 mnist_wgan.py 程序，尝试使用其他数据集。

4.5　结合 PyTorch 框架，说一说 WGAN 在编程上需要对原始 GAN 改进哪些地方。

4.6　阅读并运行 mnist_wgan_gp.py 程序，尝试使用其他数据集。

4.7　查阅 PyTorch 文档，了解 autograd.grad()函数的用法。

第 5 章

条件 GAN

本章介绍条件 GAN，英文是 conditional Generative Adversarial Nets，简称 cGAN，它是在普通 GAN 的生成器和判别器上加上条件约束，以更好地控制 GAN 的生成。

本章首先介绍条件 GAN 的基本概念，包括条件生成、可控生成、Z 空间的向量运算、类别梯度上升和解耦合，然后使用 PyTorch 来分别实现 cGAN 和可控生成 GAN。

5.1　条件 GAN 介绍

cGAN 是由蒙特利尔大学信息与操作研究学院的 Mehdi Mirza、Flickr，以及雅虎公司的 Simon Osindero 于 2014 年发表的论文 *Conditional Generative Adversarial Nets* 中提出的，论文可以通过网址 https://arxiv.org/abs/1411.1784 下载。

前面章节已经介绍了多种 GAN。随着技术的进步，虽然 GAN 的效果越来越好，但无法控制 GAN 生成的内容。假如有一个能生成猫和狗图片的 GAN，你无法控制生成的下一张图片是猫还是狗，也无法控制生成的是哪一种血统的猫和狗，这称为无条件生成。如果想对生成图片有更细微的控制，比如控制下一张图片必须是某种猫或某种狗，这就称为条件生成。cGAN 就是为了解决上述问题而提出来的。

如果能够控制 GAN 模型，让它生成指定特征的不同图片，就需要调整训练过程，这就称为可控生成。通过训练判别器来识别目标特征，就可以使用它来改变输入到生成器的噪声向量 z，使其生成具有更多或更少该特征的图像。有很多论文研究可控生成，如高丽大学电气工程学院 Minhyeok Lee 和 Junhee Seok 于 2019 年的论文 *Controllable Generative Adversarial Network*，Amazon 公司 Alon Shoshan 等人于 2021 年的论文 *GAN-Control: Explicitly Controllable GANs* 等。

5.1.1　条件生成

本节将介绍如何控制输出，即生成特定类别的样本，或者让这些样本具有特定的特征。内容包括无条件生成的概念，这实际上是前面章节一直使用的方法，然后介绍条件生成并比较二者的不同点。

首先快速回顾一下无条件生成，GAN 会随机选择某个类别而得到一个输出。以 MNIST 数据集的无条件 GAN 为例，当训练好一个 GAN 模型以后，输入一个随机噪声向量 z，就会得到一个随机数字的图像。如果要生成一个特定手写数字，比如数字 6，就必须不停地输入不同的 z，直到得到该数字。但因为 GAN 是随机输出一个数字，所以无法控制 GAN 的当前输出到底是哪一个数字。

条件生成则不然，它允许选择某个特定类别，并输出一个符合要求的样本。比如，选择手写数字 6，并输入随机噪声向量 z，就可以得到手写数字 6 的一个随机样本。使用条件 GAN，就可以从指定的类别中获得一个随机样本。

粗略地了解条件生成和无条件生成的概念之后，还需要更细致地对比二者。条件生成可以从特定的类别中生成样本，而无条件生成只能生成随机类别的样本。因此，条件生成必须使用已经打过标签的数据集来训练 GAN，无条件生成则不需要类别标签。

既然条件生成需要带类别标签的数据集进行模型训练，以便学习如何从期望的类别中生成样本，那么肯定需要将数据集的样本标签分别输入到生成器和判别器，以训练 GAN 能够从所选的类别中生成样本，例如输出手写数字 6 的图片。

无条件生成的生成器只需要一个噪声向量 z 来生成随机样本，条件生成则还需要一个类别标签向量来告诉生成器应该生成哪一个类别的样本。类别标签通常使用独热码向量来表示，也就是除了一个目标类别对应的位置为 1 外，其他位置都是 0。图 5.1 展示了 cGAN 生成器的输入，其中噪声向量是随机值，独热码向量为 1 的位置表示对应的类别，这里是猫。

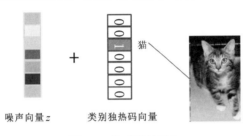

噪声向量 z　　　类别独热码向量

图 5.1　生成器的输入

与无条件 GAN 类似，噪声向量 z 会为生成过程添加一些随机性，帮助产生多样性的样本。不同之处在于，现在 z 受限于某个特定类别，也就是以特定类别为条件，由独热码向量控制生成哪一个类别的样本。

条件 GAN 生成器的输入是噪声和独热码类别信息的连接向量。假如当前类别为猫，由于类别信息和噪声都会输入给生成器和判别器，而生成器需要欺骗判别器，就不能随便生成一张除猫以外的动物图片，这样判别器会很容易发现问题。判别器在获取样本与类别信息的配对输入后，会判定样本是否就是该特定类别的图片。因此，生成器为了骗过判别器，必须生成一张尽量真实的猫图片，这就要求生成器必须关注正确的类别。

图 5.2 是 cGAN 论文提出的网络结构，这是将普通 GAN 的生成器和判别器都以额外信息 y 为条件进行扩展而得到的条件模型。图中的 z 为噪声向量，x 为真实样本，y 可以是任何类型的辅助信息，如类别标签或来自其他模态的数据。通过将 y 作为附加信息同时输入到判别器和生成器可进行条件生成。

生成器的先验输入噪声 $p_z(z)$ 和 y 组合为联合隐藏表示，为了方便使用，在如何组合该隐藏表示方面允许有很大的灵活性。x 和 y 组合成为判别器的输入。

生成器与判别器两者的极大极小(minimax)对抗的目标函数如下：

$$\min_G \max_D V(D,G) = \mathbb{E}_{x \sim p_{\text{data}}(x)}\big[\log D(x\,|\,y)\big] + \mathbb{E}_{z \sim p_z(z)}\big[\log(1 - D(G(z\,|\,y)))\big] \tag{5.1}$$

其中，D 为判别器，G 为生成器。

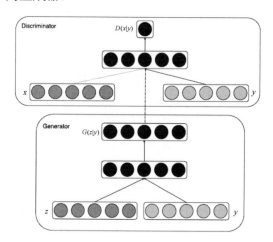

图 5.2　cGAN 结构[1]

5.1.2　可控生成

另一种控制训练后 GAN 输出的方法称为可控生成。条件生成利用类别标签来帮助训练，可控生成则重关注如何控制输出样本中包含所需的特征，甚至在已经训练后的模型也是如此。下面讲述如何控制特定的特征，并与条件生成进行比较。

可控生成能够控制输出样本中必须具备的一些特性。例如，使用 GAN 生成人脸时，可以控制图像中人的年龄、是否戴眼镜、性别，以及人脸的方向，如图 5.3 和图 5.4 所示。

图 5.3　可控生成人脸[2]

---

① 来源：https://arxiv.org/abs/1411.1784

② 来源：https://arxiv.org/abs/1907.10786

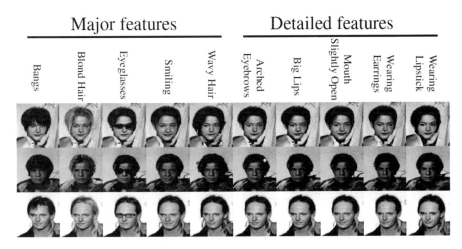

图 5.4 可控生成带有 10 个不同标签的人脸图像[①]

在 GAN 模型训练好以后，可以通过调整输入到生成器的噪声向量 z 来实现可控生成。例如，输入噪声向量 z，可能会得到一张戴眼镜女人的图片；调整输入噪声向量 z 的某一个特征，会生成同一个女人的图片，但变成没戴眼镜。这是因为噪声向量 z 的某个元素代表着是否戴眼镜，改变该元素就能控制眼镜属性，如图 5.5 所示。

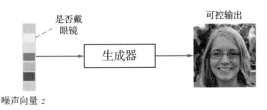

图 5.5 可控生成

为了更好地理解可控生成，可将其与条件生成做细致的比较。值得注意的是，这两者并没有明确的界限，有时候所说的可控生成包括条件生成，因为两者都是以某种方式控制 GAN 的生成，具有相似性。不同点在于，可控生成可以生成所需特征的样本，比如戴眼镜、有胡子的人脸；条件生成可以从所选的类别中生成样本，比如数字 6。可控生成通常能够控制期望特性的多寡，这些特性一般是连续的特征，比如年龄；条件生成只是指定想要生成的类别，通常是离散的特征，这就要求有一个带标签的数据集来训练模型。可控生成因为

---

① 来源：https://arxiv.org/abs/1708.00598

没法标记肤色和头发长度值，只能去找特征变化的方向，所以一般会发生在模型训练之后。当然，可控生成也许会发生在训练过程中，以便帮助模型朝着更容易控制的方向发展。最后，可控生成通过调整生成器输入的噪声向量 z 来工作，条件生成则需要在噪声向量上附加额外的类别信息。

总之，可控生成可以控制 GAN 输出的特征，不像条件生成那样必须使用带标签的训练数据集。为了以可控的方式改变输出样本的特征，必须以某种方式来调整生成器输入的噪声向量。

5.1.3　Z 空间的向量运算

我们已经知道，可控生成是通过调整输入到生成器中的噪声向量 z 来实现的，下面将讲述这个过程的基本原理。首先讲述如何在 GAN 的两个输出中间进行插值，然后讲述如何通过操纵噪声向量 z 来控制期望的输出特征。

可控生成和插值有些相似。插值可以得到两个观测值的中间样本，在实践中，插值可以将一张图像变形为另一张图像。早在第一篇 GAN 论文 *Generative Adversarial Nets* 中，"GAN 之父"Ian Goodfellow 就进行过线性插值研究，如图 5.6 所示，中间数字会变形为其他数字。

图 5.6　使用 Z 空间进行线性插值得到的数字

Z 空间就是噪声向量的空间名称，通过对 Z 空间的两个目标之间进行插值就可以得到中间样本。在图 5.7 中，z_1 和 z_2 是 Z 空间中的两个维度，噪声向量 v_1 和 v_2 表示 Z 空间中的两个向量。当输入 v_1 到生成器时，会生成 $G(v_1)$ 对应的图像；当输入 v_2 到生成器时，会生成 $G(v_2)$ 对应的图像。要得到这两张图像之间的图像，可以在 v_1 和 v_2 这两个输入向量之间进行插值，通常使用线性插值。我们期望将中间向量输入到生成器以后，生成器会生成两张图像之间的图像。

可控生成将利用 Z 空间的向量变化，并将噪声向量的修改反映到生成器的输出上。例如，用某个噪声向量可以得到一张女人的正常照片，然后用另一个噪声向量可以得到一张同一个女人的微笑照片，如图 5.8 所示。这两个噪点向量的区别就在于两者形成一个向量之差的方向(不妨称其为方向 d)，可以在 Z 空间中移动噪声向量来修改生成图像的微笑程度。可控生成的目标就是为目标特征找到这些方向，从而控制 GAN 输出的特征。

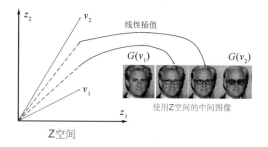

图 5.7　Z 空间线性插值

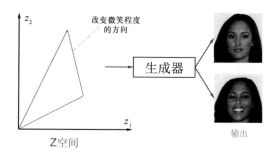

图 5.8　通过 Z 空间来改变微笑程度

　　假定输入噪声向量 v_1 到同样的生成器，可以生成一张男人的照片。我们可以修改图像中这个人的微笑程度，方法是将之前找到的方向向量 d 加到噪声向量 v_1 中，得到一个新的噪声向量 $(v_1 + d)$，把它输入到生成器中，期望能够得到该男人微笑的图像，如图 5.9 所示。

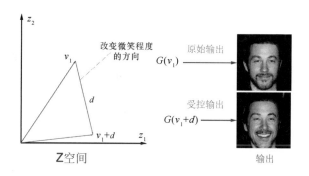

图 5.9　控制输出其他人的微笑程度

　　总之，可控生成需要在 Z 空间中找到目标特征的变化方向，通过在 Z 空间的变化方向上修改噪声向量来实现可控生成。

类别梯度上升

下面介绍一种非常简单的可控生成方法：使用训练好的分类器的梯度来找到目标特征的变化方向，然后在该变化方向上修改噪声向量来实现可控生成。

为了在 Z 空间中找到改变输出的特定特征的方向，比如是否戴太阳镜，可以使用经过训练的分类器来识别照片中的人是否具有上述特征。为此，可以将一批噪声向量 z 输入到生成器得到一批图像。接着将这些图像输入太阳镜分类器，该分类器会判别哪些图像中的人戴了太阳镜。然后使用这些信息来修改 z 向量，但不会修改生成器的网络权重，因此生成器网络是固定不变的。完成训练后，通过在代价的梯度方向上移动来修改 z 向量，如图 5.10 所示。

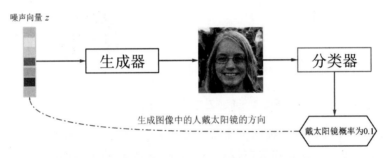

图 5.10　使用预训练的分类器来修改噪声向量

重复上述过程，直到所有图像里的人都判定为戴太阳镜，如图 5.11 所示。

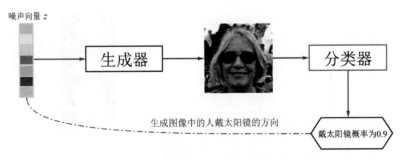

图 5.11　修改噪声向量直到特定特征满足要求

这个方法使用现成的预训练的分类器，专注于修改 Z 空间的向量。其缺点是：需要预先把分类器训练好，使它能够准确地检测到想要控制的目标特征。这个方法既可以使用别人已经训练好的分类器，也可以自己训练分类器。如果没有现成的分类器，则只能自己训练一个。因此，应该经常检查新的预训练模型以跟上科技的发展，毕竟使用现成的模型简单而高效，不用自己花费很多时间和精力来重复训练，只需要在别人的工作上添砖加瓦即可。

5.1.5 解耦合

可控生成可以通过修改噪声向量来使 GAN 的输出具备特定特征，如 GAN 生成照片中的人的头发颜色或是否戴眼镜。然而，可控生成有几个难题，主要是输出特征关联和 Z 空间耦合(或纠缠)。

当用于 GAN 的训练数据集中的不同特征具有高度相关性时，如果不修改与之相关的特征，就很难控制特定特征。例如，如果希望能够控制某个特征，如将女人照片男性化，除了通过在 Z 空间的某个方向移动来将脸变得刚毅外，可能还必须添加胡须和喉结，以及修改发型和缩短头发长度，所以最终会修改更多的输出特征。这在有些时候是不可接受的，因为可能只想找到一个方向以改变一个特征，这样才能可靠地编辑图像。

可控生成的另一个难题是 Z 空间的耦合。这时，将噪声在 Z 空间不同方向上移动会同时影响输出的多个特征，即使这些特征在训练集中并不相关，如图 5.12 所示。在出现 Z 空间耦合时，如果要控制输出照片中的人是否戴眼镜，可能会修改其头发和胡子；或者在试图修改年龄时，可能同时会改变眼睛和头发颜色，这就不是期望的结果了。

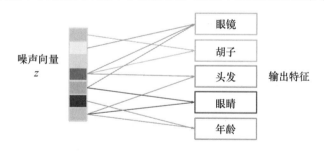

噪声向量
z

输出特征

眼镜
胡子
头发
眼睛
年龄

图 5.12　Z 空间的耦合

高度相关的特征会出现这个问题，但不相关的特征也会如此。这意味着噪声向量某些分量的变化会同时改变输出中的多个特征，导致难以控制的输出。一个常见的原因是：Z 空间没有足够的维度来控制输出特征，也就是维度少于特征数量，这时就无法做到一一映射。

如果拥有解耦合的 Z 空间，每一个维度都只控制一个单一特征，此时只需要改变对应维度的值就能控制目标特征。通常我们希望噪声向量的维度要大于想要控制的特征数量，因为这能让模型更容易学习，也允许这些值有更大的自由度在训练期间变化，它们不会控制特定特征，只是帮助模型进行训练。

本质上，解耦合的 Z 空间说明噪声向量有特定的维度会改变 GAN 输出的特定特征，如图 5.13 所示。例如，GAN 生成图像上的人是否戴眼镜，以及是否有胡须或头发的颜色特征，这些特征分别与 Z 空间的特定维度相对应，改变对应维度的值就可以改变眼镜、胡须或头发之类的特征。耦合 Z 空间和解耦合 Z 空间的一个关键区别是：在解耦合 Z 空间中，如果控制改变输出的某一个特征(如眼镜)，其他特征会保持不变，如不会同时改变胡须和头发；耦合 Z 空间则可能会同时改变其他特征。

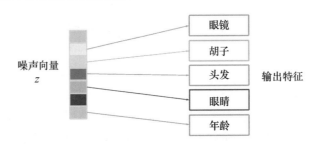

图 5.13　解耦合的 Z 空间

一种使用解耦合 Z 空间的方式是为损失函数添加正则化项，以帮助模型将噪声向量的每个维度与输出的不同特征相关联。正则化项可以来自分类器梯度，这是一种无监督的方式，不需要标签。

5.2　cGAN 实现

条件 GAN 是在生成器和判别器的输入中添加额外的条件信息，从而实现条件生成。cGAN 论文作者认为，额外的条件信息可以是类别标签或其他辅助信息。本节使用 MNIST 数据集，使用的条件信息是手写数字的类别标签，使用 PyTorch 实现一个简单的 cGAN。

5.2.1　判别器网络

cGAN 的判别器就是分类器，它使用生成图像或真实图像和类别标签的组合一起构成输入，同时使用 DCGAN 的结构。判别器还会使用二元分类网络，但是其输入不再只是图像，而是图像与类别标签的组合。输入经过一系列 Conv2d、BatchNorm2d、LeakyReLU 层的处理，最终输出处理结果。

代码 5.1 是判别器块函数的实现代码，这是为了复用而编写的。最后一层只有一个 nn.Conv2d 层，其他层则依次包含 nn.Conv2d、nn.BatchNorm2d 和 nn.LeakyReLU 层。

代码 5.1 判别器块函数

```
def disc_block(in_chan, out_chan, kernel_size=4, stride=2, final_layer=False):
    """ 本函数返回判别器的网络块，内含一个卷积层、一个批规范化(最后一层除外)和一个激活函数 """
    if final_layer:
        return nn.Sequential(
            nn.Conv2d(in_chan, out_chan, kernel_size, stride),
        )
    else:
        return nn.Sequential(
            nn.Conv2d(in_chan, out_chan, kernel_size, stride),
            nn.BatchNorm2d(out_chan),
            nn.LeakyReLU(0.2, inplace=True),
        )
```

判别器网络的实现代码如代码 5.2 所示。此 Discriminator 类继承 nn.Module，在初始化 __init__()函数体中定义 3 个 disc_block 网络块。前向传播方法 forward()直接调用上述 3 个网络块的模型，输入图像与类别标签连接后的张量 image 并返回一个表示真假的二维张量。注意，判别器的输出并没有经过 Sigmoid 激活函数，因此训练时必须使用将 Sigmoid 和 BCELoss 整合在一起的 BCEWithLogitsLoss 损失函数。

代码 5.2 判别器类

```
class Discriminator(nn.Module):
    """ 判别器类 """

    def __init__(self, im_chan=1, hidden_dim=64):
        super().__init__()
        self.disc = nn.Sequential(
            disc_block(im_chan, hidden_dim),
            disc_block(hidden_dim, hidden_dim * 2),
            disc_block(hidden_dim * 2, 1, final_layer=True),
        )

    def forward(self, image):
        """ 给定一个图像张量，返回一个表示真假的二维张量 """
        predict = self.disc(image)
        return predict.view(len(predict), -1)
```

5.2.2 生成器网络

生成器网络的实现与判别器相似，只是使用跨越卷积层来替代卷积层，且一般使用

ReLU 激活函数，而不是 LeakyReLU 激活函数。

代码 5.3 为生成器块函数，除最后一层是 nn.ConvTranspose2d 层后紧接 nn.Tanh 层外，所有层都是 nn.ConvTranspose2d 层紧接 nn.BatchNorm2d 层再接 nn.ReLU 层，因此，为了复用在此编写了 gen_block() 函数来实现 cGAN 生成器的网络块。

代码 5.3　生成器块

```python
def gen_block(in_chan, out_chan, kernel_size=3, stride=2, final_layer=False):
    """ 本函数返回生成器的网络块,内含一个反卷积层、一个批规范化(最后一层除外)和一个激活函数 """
    if final_layer:
        return nn.Sequential(
            nn.ConvTranspose2d(in_chan, out_chan, kernel_size, stride),
            nn.Tanh(),
        )
    else:
        return nn.Sequential(
            nn.ConvTranspose2d(in_chan, out_chan, kernel_size, stride),
            nn.BatchNorm2d(out_chan),
            nn.ReLU(inplace=True),
        )
```

生成器类如代码 5.4 所示，此 Generator 类继承 nn.Module，在初始化 __init__() 函数体中定义 4 个网络块。前向传播方法 forward() 直接调用上述 4 个网络块的模型，输入噪声 noise 并返回网络输出。

代码 5.4　生成器类

```python
class Generator(nn.Module):
    """ 生成器类 """

    def __init__(self, in_dim=10, im_chan=1, hidden_dim=64):
        super().__init__()
        self.in_dim = in_dim
        self.gen = nn.Sequential(
            gen_block(in_dim, hidden_dim * 4),
            gen_block(hidden_dim * 4, hidden_dim * 2, kernel_size=4, stride=1),
            gen_block(hidden_dim * 2, hidden_dim),
            gen_block(hidden_dim, im_chan, kernel_size=4, final_layer=True),
        )

    def forward(self, noise):
        """ 给定一个噪声张量, 返回生成图像 """
        x = noise.view(len(noise), self.in_dim, 1, 1)
        return self.gen(x)
```

5.2.3　cGAN 训练

在条件 GAN 中，生成器的输入是随机噪声和类别标签相连接后的张量，判别器的输入是图像和类别标签相连接后的张量，为此专门编写一个 cat_vectors()函数，将两个张量在左右方向上进行连接，形成一个新的张量，如代码 5.5 所示。

代码 5.5　连接两个张量

```python
def cat_vectors(x1, x2):
    """ 将两个张量在左右方向上进行连接 """
    result = torch.cat((x1.float(), x2.float()), 1)
    return result
```

由于每经过一段训练间隔都需要保存生成器的生成图像，因此专门使用一个变量来存放噪声张量与独热码标签相连接得到的固定张量，作为生成器的输入，如代码 5.6 所示。代码中，变量 fixed_noise 存放用于测试的固定噪声；由于打算将 0~9 每个数字都显示 10 次，因此，用变量 fixed_labels 来存放 100 个标签，然后将噪声张量与独热码标签相连接，形成固定的张量 fixed_noise_and_labels。

代码 5.6　测试的固定噪声和标签

```python
# 用于测试的固定噪声和标签
fixed_noise = get_noise(TEST_BATCH_SIZE, Z_DIM, device=DEVICE)
fixed_labels = [label for label in range(10) for _ in range(10)]
fixed_labels = torch.LongTensor(fixed_labels)
# 转换为独热码
one_hot_labels = to_one_hot(fixed_labels.to(DEVICE), N_CLASSES)
# 将噪声张量与独热码标签相连接，然后用生成器生成图像
fixed_noise_and_labels = cat_vectors(fixed_noise, one_hot_labels)
```

代码 5.7 首先定义 transforms.Compose 对象来串联多个图像转换的操作，这里的 ToTensor 会将 PIL 图像对象或 ndarray 数组转换为张量 Tensor，同时会将像素的取值[0, 255] 规范化为[0, 1]范围，并且将原来的形状(H, W, C)转置为(C, H, W)；Normalize 用给定的均值和标准差来规范化张量图像。然后使用 torchvision.datasets 自带的 MNIST 来实例化手写数字数据集对象，最后调用 DataLoader 类的初始化方法实例化数据加载器对象。

代码 5.7　加载数据集

```python
# 图像转换
my_transform = transforms.Compose([
    transforms.ToTensor(),
    transforms.Normalize((0.5,), (0.5,)),
])
```

```
# 加载数据集
dataset = datasets.MNIST(root=DATAROOT, download=False, transform=my_transform)
dataloader = DataLoader(dataset, batch_size=BATCH_SIZE, shuffle=True)
```

训练前还需要做一些准备工作，如代码 5.8 所示。它首先计算生成器的输入维度和判别器的输入通道数，生成器和判别器都需要类别标签信息，因此都要加上 N_CLASSES。然后实例化生成器和判别器，并且初始化生成器和判别器的网络参数，生成器和判别器都使用 Adam 优化函数。最后定义损失函数以及训练过程中的变量。

代码 5.8 | **训练前的准备**

```
# 计算生成器的输入维度和判别器的输入通道数
gen_input_dim = Z_DIM + N_CLASSES
disc_im_chan = MNIST_SHAPE[0] + N_CLASSES

# 实例化生成器和判别器
gen = Generator(in_dim=gen_input_dim).to(DEVICE)
disc = Discriminator(im_chan=disc_im_chan).to(DEVICE)
# 初始化生成器和判别器的网络参数
gen = gen.apply(weights_init)
disc = disc.apply(weights_init)
# 使用 Adam 优化函数
gen_opt = torch.optim.Adam(gen.parameters(), lr=LR)
disc_opt = torch.optim.Adam(disc.parameters(), lr=LR)

# 损失函数
criterion = nn.BCEWithLogitsLoss()

# 当前迭代次数
iters = 0
# 训练过程中的损失
gen_losses = []
disc_losses = []

print("开始训练！")
```

代码 5.9 使用两重循环进行迭代加载数据。其中外重循环用于迭代训练轮次，内重循环用于迭代每轮里的小批量数据。由于生成器和判别器都需要类别标签信息，因此将标签转换为独热码，然后扩充形状，与输入图像相匹配。

代码 5.10 用于更新判别器网络参数。它首先将噪声张量与独热码标签相连接，然后用生成器生成图像，再将标签信息分别与真实图像和生成图像相连接，作为判别器的输入，并计算判别器中生成图像和真实图像的损失，最后通过反向传播来更新判别器参数。

更新生成器网络参数的过程与更新判别器的过程类似，但只能使用生成图像，不能使用真实图像，如代码 5.11 所示。

代码 5.9 **迭代加载数据**

```
for epoch in range(N_EPOCHS):
    for idx, (real, labels) in enumerate(dataloader):
        real_size = len(real)
        real = real.to(DEVICE)

        # 转换为独热码
        one_hot_labels = to_one_hot(labels.to(DEVICE), N_CLASSES)
        image_one_hot_labels = one_hot_labels[:, :, None, None]
        image_one_hot_labels = image_one_hot_labels.repeat(1, 1, MNIST_SHAPE[1],
                               MNIST_SHAPE[2])
```

代码 5.10 **更新判别器**

```
# 更新判别器
disc_opt.zero_grad()
noise = get_noise(real_size, Z_DIM, device=DEVICE)
# 将噪声张量与独热码标签相连接，然后用生成器生成图像
noise_and_labels = cat_vectors(noise, one_hot_labels)
fake = gen(noise_and_labels)

# 准备判别器的输入
fake_image_and_labels = cat_vectors(fake, image_one_hot_labels)
real_image_and_labels = cat_vectors(real, image_one_hot_labels)
# 不更新生成器的网络参数
disc_fake_pred = disc(fake_image_and_labels.detach())
disc_real_pred = disc(real_image_and_labels)

# 计算判别器中生成图像和真实图像的损失
disc_fake_loss = criterion(disc_fake_pred, torch.zeros_like(disc_fake_pred))
disc_real_loss = criterion(disc_real_pred, torch.ones_like(disc_real_pred))
disc_loss = (disc_fake_loss + disc_real_loss) / 2
# 反向传播更新参数
disc_loss.backward(retain_graph=True)
disc_opt.step()
```

代码 5.11 **更新生成器**

```
# 更新生成器
gen_opt.zero_grad()
fake_image_and_labels = cat_vectors(fake, image_one_hot_labels)
disc_fake_pred = disc(fake_image_and_labels)
gen_loss = criterion(disc_fake_pred, torch.ones_like(disc_fake_pred))
gen_loss.backward()
gen_opt.step()
```

5.2.4　cGAN 结果

完成训练以后，在文件夹 mnist_cgan_output 中可以找到一些训练日志文件。其中的 log.txt 是训练日志，disc_losses.png 和 gen_losses.png 分别是判别器损失曲线和生成器损失曲线，分别如图 5.14 和图 5.15 所示。

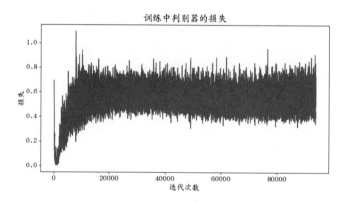

图 5.14　判别器损失曲线

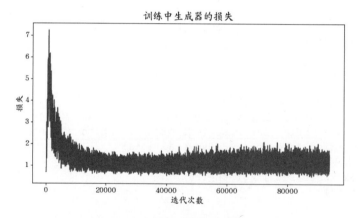

图 5.15　生成器损失曲线

图 5.16 是生成器生成的手写数字。可以看到，尽管部分数字还有一些缺陷，但大部分数字已经和人工手写的相差无几，而且能按照给定的条件生成，效果符合预期。

图 5.16　cGAN 生成的手写数字

完整程序请参见 mnist_cgan.py。

5.3　可控生成实现

本节使用分类器的梯度来实现一个可控生成 GAN，其通过训练分类器识别相关特征，再使用特征来改变生成器输入的噪声向量 z，控制其生成具有或多或少的该特征的图像。为了简化，此处直接使用预训练的生成器和分类器，并使用 torchvision 内建的 CelebA 数据集，这样就可以专注于 GAN 的可控性方面。

5.3.1　定义超参数

首先定义一些超参数，如代码 5.12 所示。其中的 FEATURE_NAMES 列表是 CelebA 中标记的 40 个特征，分类器就是使用它训练的。如果想控制其他特征，就需要获得带有该特征标记的数据，并在该特征上训练分类器。

代码 5.12　超参数

```
# 超参数
Z_DIM = 64
IMG_CHAN = 3
HIDDEN_DIM = 64
BATCH_SIZE = 128
N_IMAGES = 8
GRAD_STEPS = 10        # 要执行的梯度步骤数
SKIP = 2               # 可视化中要跳过的梯度步骤数
# 40 个特征名称
```

```
FEATURE_NAMES = ["5oClockShadow", "ArchedEyebrows", "Attractive",
                 "BagsUnderEyes", "Bald", "Bangs", "BigLips", "BigNose",
                 "BlackHair", "BlondHair", "Blurry", "BrownHair",
                 "BushyEyebrows", "Chubby", "DoubleChin", "Eyeglasses",
                 "Goatee", "GrayHair", "HeavyMakeup", "HighCheekbones",
                 "Male", "MouthSlightlyOpen", "Mustache", "NarrowEyes",
                 "NoBeard", "OvalFace", "PaleSkin", "PointyNose",
                 "RecedingHairline", "RosyCheeks", "Sideburn", "Smiling",
                 "StraightHair", "WavyHair", "WearingEarrings",
                 "WearingHat", "WearingLipstick", "WearingNecklace",
                 "WearingNecktie", "Young"]
N_CLASSES = 40
DEVICE = torch.device("cuda" if torch.cuda.is_available() else "cpu")
```

5.3.2　辅助函数

下面来定义 4 个辅助函数，其中后两个辅助函数是实现可控生成的关键。

代码 5.13 用于实现一个生成 n_samples 行、z_dim 列的噪声矩阵。

代码 5.13　生成噪声矩阵

```
def get_noise(n_samples, z_dim, device=DEVICE):
    """ 返回一个 n_samples × z_dim 的噪声矩阵 """
    return torch.randn(n_samples, z_dim, device=device)
```

代码 5.14 用于实现可视化图像函数。其中参数 image_tensor 是要绘制的图像张量，num_images 是张量中的图像数量，rows 是行数。

代码 5.14　可视化图像

```
def show_tensor_images(image_tensor, num_images=16, rows=3):
    """ 可视化图像 """
    image_tensor = (image_tensor + 1) / 2
    image_cpu = image_tensor.detach().cpu()
    image_grid = make_grid(image_cpu[:num_images], nrow=rows)
    plt.imshow(image_grid.permute(1, 2, 0).squeeze())
    plt.show()
```

下面编写代码来更新噪声，以便在训练中产生更多想要的特征，如代码 5.15 所示，它是使用随机梯度上升来实现的。随机梯度上升用于寻找局部最大值，而不像随机梯度下降那样是寻找局部最小值，二者的本质是相同的，只是随机梯度上升是加上加权梯度值，而非减去加权梯度值。执行随机梯度上升来尝试最大化想要的特征量，这是因为人们感兴趣的是向图像添加目标特征。update_noise()函数的 noise 参数是通过分类器计算出的梯度噪声，weight 参数是一个超参数，函数最终返回更新后的噪声向量。

代码 5.15　随机梯度上升更新噪声

```
def update_noise(noise, weight):
    """ 使用随机梯度上升来更新噪声 """
    new_noise = noise + (noise.grad * weight)
    return new_noise
```

前文已经介绍过，有时目标特征发生变化的同时会有其他特征也发生变化，这是因为有些特征是耦合在一起的。这里的特征需要提前指定。FEATURE_NAMES 列表指定了 40 个特征，对于分类器而言，对应 40 个类别标签。为了解决特征的耦合问题，可以尝试通过保持除目标类别外的其他类别不变来隔离目标特征。

其中，一种方法是通过 L2 正则化来惩罚与原始类别的差异，L2 正则化使用 L2 范数作为损失函数的一个附加项，来对该差异施加惩罚。

为此需要实现一个计算得分的函数 get_score()，该分数越高越好，如代码 5.16 所示。得分是通过将目标分数和惩罚分数相加来计算的，其中的惩罚分数是为了降低分值，所以它应该是负值。对于每一个非目标类别，取当前噪声与旧噪声之差时，该差值越大，表示非目标特征的变化越多。计算该变化的数值，进行平均后取负值，最后将该惩罚分数与目标分数相加(目标分数是目标类别在当前噪声中的均值)。

代码 5.16　计算得分

```
def get_score(curr_classifications, org_classifications, target_idx,
other_idx, penalty_weight):
    """ 返回当前分类的得分，并计算其他类别的 L2 范数惩罚 """
    # 通过试图保留的 other_idx 索引，计算原始分类和当前分类之间的变化张量
    other_distances = curr_classifications[:, other_idx] -
                      org_classifications[:, other_idx]
    # 计算每个样本的变化的范数，并乘以惩罚权重
    # 因为是惩罚项，所以确保必须为负值
    other_class_penalty = - torch.norm(other_distances, dim=1).mean() * penalty_weight
    # 取目标特征的当前分类在所有样本上的均值，作为 target_score
    target_score = curr_classifications[:, target_idx].mean()
    return target_score + other_class_penalty
```

5.3.3　判别器网络

按照惯例，判别器网络同样为了复用而编写了一个网络块函数，如代码 5.17 所示。该块的最后一层只有一个 Conv2d 层，其他层由一个 nn.Conv2d 层、一个 BatchNorm2d 层和一个 nn.LeakyReLU 激活函数组成。

代码 5.17 判别器网络块

```
def disc_block(input_channels, output_channels, kernel_size=4, stride=2,
final_layer=False):
    """ 本函数返回判别器的网络块，内含一个卷积层、一个批规范化(最后一层除外)和一个激活函数 """
    if final_layer:
        return nn.Sequential(
            nn.Conv2d(input_channels, output_channels, kernel_size, stride),
        )
    else:
        return nn.Sequential(
            nn.Conv2d(input_channels, output_channels, kernel_size, stride),
            nn.BatchNorm2d(output_channels),
            nn.LeakyReLU(0.2, inplace=True),
        )
```

判别器网络的实现代码如代码 5.18 所示。此 Discriminator 类继承 nn.Module，在初始化__init__()函数体中定义 4 个 disc_block 网络块。前向传播方法 forward()直接调用上述 4 个网络块的模型，输入图像张量 image，并返回一个表示真假的二维张量。注意，判别器的输出并没有经过 Sigmoid 激活函数，因此训练时必须使用将 Sigmoid 和 BCELoss 函数整合在一起的 BCEWithLogitsLoss 损失函数。

代码 5.18 判别器类

```
class Discriminator(nn.Module):
    """ 判别器类 """

    def __init__(self, im_chan=3, n_classes=20, hidden_dim=64):
        super(Discriminator, self).__init__()
        self.classifier = nn.Sequential(
            disc_block(im_chan, hidden_dim),
            disc_block(hidden_dim, hidden_dim * 2),
            disc_block(hidden_dim * 2, hidden_dim * 4, stride=3),
            disc_block(hidden_dim * 4, n_classes, final_layer=True),
        )

    def forward(self, image):
        """ 给定一个图像张量，返回一个表示真假的n_classes维张量 """
        predict = self.classifier(image)
        return predict.view(len(predict), -1)
```

5.3.4 生成器网络

生成器网络的实现与判别器相似，只是使用跨越卷积层来替代卷积层，且一般使用

ReLU 激活函数，而非 LeakyReLU 激活函数。代码 5.19 为生成器块的函数，除最后一层是 nn.ConvTranspose2d 层后紧接 nn.Tanh 层外，所有层都是 nn.ConvTranspose2d 层紧接 nn.BatchNorm2d 层再接 nn.ReLU 层。为了复用而编写一个 gen_block() 函数，以实现可控生成 GAN 生成器的网络块。

代码 5.19 生成器网络块

```python
def gen_block(in_chan, out_chan, kernel_size=3, stride=2, final_layer=False):
    """ 本函数返回生成器的网络块,内含一个反卷积层、一个批规范化(最后一层除外)和一个激活函数 """
    if final_layer:
        return nn.Sequential(
            nn.ConvTranspose2d(in_chan, out_chan, kernel_size, stride),
            nn.Tanh(),
        )
    else:
        return nn.Sequential(
            nn.ConvTranspose2d(in_chan, out_chan, kernel_size, stride),
            nn.BatchNorm2d(out_chan),
            nn.ReLU(inplace=True),
        )
```

生成器类如代码 5.20 所示，此 Generator 类继承 nn.Module，在初始化 __init__() 方法体中定义 5 个网络块。前向传播方法 forward() 直接调用上述 5 个网络块的模型，输入噪声 noise 并返回网络输出。

代码 5.20 生成器类

```python
class Generator(nn.Module):
    """ 生成器类 """

    def __init__(self, z_dim=Z_DIM, img_chan=IMG_CHAN, hidden_dim=HIDDEN_DIM):
        super().__init__()
        self.z_dim = z_dim
        self.gen = nn.Sequential(
            gen_block(z_dim, hidden_dim * 8),
            gen_block(hidden_dim * 8, hidden_dim * 4),
            gen_block(hidden_dim * 4, hidden_dim * 2),
            gen_block(hidden_dim * 2, hidden_dim),
            gen_block(hidden_dim, img_chan, kernel_size=4, final_layer=True),
        )

    def forward(self, noise):
        """ 给定一个噪声张量, 返回生成图像 """
        x = noise.view(len(noise), self.z_dim, 1, 1)
        return self.gen(x)
```

5.3.5　网络训练

首先加载预训练模型，如代码 5.21 所示。由于本示例只专注于可控生成，因此生成器模型和判别器模型都直接加载预训练过的现成模型。

代码 5.21　加载模型

```
# 实例化生成器
gen = Generator(Z_DIM).to(DEVICE)
# 加载预训练生成器模型
gen_dict = torch.load("pretrained_celeba.pth",
map_location=torch.device(DEVICE))["gen"]
gen.load_state_dict(gen_dict)
gen.eval()

# 实例化判别器
classifier = Discriminator(n_classes=N_CLASSES).to(DEVICE)
# 加载预训练判别器模型
class_dict = torch.load("pretrained_classifier.pth",
map_location=torch.device(DEVICE))["classifier"]
classifier.load_state_dict(class_dict)
classifier.eval()
print("成功加载模型！")
```

现在使用分类器和随机梯度上升来更新噪声，让生成图像具备更多的特定特征。代码 5.22 可以生成笑脸，对应特征为 Smiling，读者可以自由更改目标索引以控制其他特性。用户也许能发现，其中一些特征比其他特征更容易检测和控制，这应该和训练数据集有关。

代码 5.22　只使用梯度上升来控制图像生成

```
# 只使用分类器的优化器
opt = torch.optim.Adam(classifier.parameters(), lr=0.01)

# 尝试改变此值为 feature_names 的其他值
target_idx = FEATURE_NAMES.index("Smiling")

fake_image_history = []
# 使用生成器生成几张图像
noise = get_noise(N_IMAGES, Z_DIM).to(DEVICE).requires_grad_()
for i in range(GRAD_STEPS):
    opt.zero_grad()
    fake = gen(noise)
    fake_image_history += [fake]
    fake_classes_score = classifier(fake)[:, target_idx].mean()
    fake_classes_score.backward()
```

```
noise.data = update_noise(noise, 1 / GRAD_STEPS)

# 显示结果
plt.rcParams['figure.figsize'] = [N_IMAGES * 2, GRAD_STEPS * 2]
show_tensor_images(torch.cat(fake_image_history[::SKIP], dim=2),
                   num_images=N_IMAGES, rows=N_IMAGES)
```

在代码 5.23 中，使用计算得分的 **get_score()** 函数来运行梯度上升，除此之外，编码与代码 5.22 没有什么不同。与原始方法相比，该方法在生成目标特征时可能更容易失败。这表明如果不改变其他特征，模型可能无法生成具有目标特征的图像，这很容易理解。例如，要生成一张微笑的脸，如果不微微张开嘴巴显然无法做到；再如，如果要添加胡子，就必须把面部特征更男性化一些，还可能需同步修改头发长度。当然，这也暴露了这种方法的缺陷。另外，即使生成器可以生成符合预期特征的图像，但可能需要进行许多中间更改步骤才能做到，这有可能陷入局部最小值。

代码 5.23　　使用得分函数来控制图像生成

```
fake_image_history = []
# 尝试改变此值为 feature_names 的其他值
target_idx = FEATURE_NAMES.index("Smiling")
other_indices = [cur_idx != target_idx for cur_idx, _ in
                 enumerate(FEATURE_NAMES)]
noise = get_noise(N_IMAGES, Z_DIM).to(DEVICE).requires_grad_()
original_classifications = classifier(gen(noise)).detach()
for i in range(GRAD_STEPS):
    opt.zero_grad()
    fake = gen(noise)
    fake_image_history += [fake]
    fake_score = get_score(classifier(fake), original_classifications,
                           target_idx, other_indices, penalty_weight=0.1)
    fake_score.backward()
    noise.data = update_noise(noise, 1 / GRAD_STEPS)

plt.rcParams['figure.figsize'] = [N_IMAGES * 2, GRAD_STEPS * 2]
show_tensor_images(torch.cat(fake_image_history[::SKIP], dim=2),
num_images=N_IMAGES, rows=N_IMAGES)
```

5.3.6　可控生成结果

图 5.17 所示是只使用梯度上升来控制图像生成的结果。图 5.18 所示是使用 get_score() 得分函数来控制图像生成的结果。

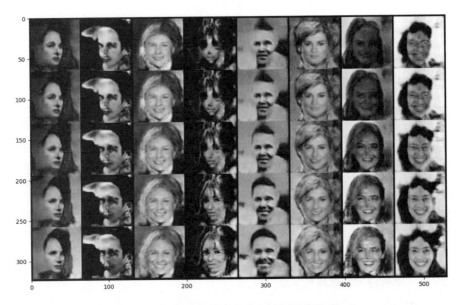

图 5.17　只使用梯度上升来控制图像生成

图 5.18　使用得分函数来控制图像生成

　　尽管上述两张图像看起来缺陷很明显，但作为一个研究可控生成 GAN 的起点还是很有价值的。

　　完整程序请参见 celeba_controllablegen.py。

习　题

5.1　什么是条件生成？什么是可控生成？两者有什么区别和联系？

5.2　阅读论文 *Conditional Generative Adversarial Nets*，了解 cGAN 技术细节。

5.3　阅读论文 *Controllable Generative Adversarial Network*，了解 ControlGAN 技术细节。

5.4　运行并阅读 cGAN 程序，尝试应用其他数据集。

5.5　运行可控生成的 PyTorch 程序，说明计算得分的 get_score()函数与原始方法有什么区别，是否可以进一步提升效果。

5.6　添加正则化项是一种无监督的解耦合方法，是否可以用有监督的解耦合方法？如何做？

5.7　阅读论文 *Interpreting the Latent Space of GANs for Semantic Face Editing*，了解 InterFaceGAN 技术细节。

第 6 章

StyleGAN

本章介绍一个应用非常广泛的 StyleGAN 及其组成部分,揭秘无论是在保真度还是多样性方面,StyleGAN 都能在定量和定性评估指标上胜过其他 GAN 的原因。StyleGAN 的不同组件将与前面几章的内容密切相关,包括保证更好的训练稳定性以获得更高的分辨率和更高的图像保真,以及更细微地控制网络的生成以获得更好的图像多样性。StyleGAN 最吸引人的地方是它能够更精细地改变图像。例如,仅添加一点点噪声,就能让所生成人脸的一缕头发往后卷。

本章首先简单介绍 StyleGAN,然后讲述 StyleGAN 架构,包括 StyleGAN 生成器结构、渐进式增长、噪声映射网络、样式模块 AdaIN、样式混合和随机噪声等概念,最后展示如何使用 PyTorch 框架来实现 StyleGAN。

6.1 StyleGAN 介绍

本节将介绍 StyleGAN。StyleGAN 是目前最先进的 GAN，特别是在生成极其逼真的人脸的能力上，是 GAN 方法的重要改进。

StyleGAN 是由 Nvidia 公司的 Tero Karras、Samuli Laine 和 Timo Aila 于 2019 年发表的论文 *A Style-Based Generator Architecture for Generative Adversarial Networks* 中提出的，论文可以在网址 https://arxiv.org/abs/1812.04948v3 下载。

StyleGAN 的首要目标是生成能够吸引人的高质量、高分辨率的图像，第二个目标是增加输出图像的多样性。StyleGAN 最重要的特性是增加对图像特征的控制，可以为人物图像添加帽子或太阳镜等特征，也可以将两个生成图像的样式进行混合。

能够欺骗人的眼睛的生成图像非常难以实现，让计算机创建高分辨率保真度的图像直到最近几年才有突破。这主要是因为以前模型的容量较小，数据集的分辨率较低，所以直到 2019 年的 StyleGAN 才真正能够应对高分辨率的挑战。

图 6.1 是由 "GAN 之父" Ian Goodfellow 在 2014 年发表的第一篇 GAN 论文 *Generative Adversarial Networks* 所生成的人脸图像[①]，图中大部分人脸都像糟糕的素描绘制，不太可能让人相信这些人脸的真实性。

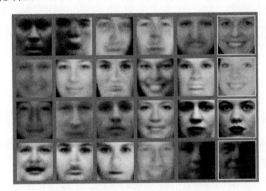

图 6.1　2014 年生成的人脸图像

图 6.2 是 2019 年的 StyleGAN 生成的高分辨率人脸，很明显，StyleGAN 已经实现了更高保真度的目标，人眼很难分辨真假。

---

① 来源：https://arxiv.org/abs/1406.2661

图 6.2　StyleGAN 生成的人脸图像

StyleGAN 还增强了对图像特征的控制，可以将一幅图像的样式混合到另一幅图像中，如图 6.3 所示。图中人脸的主要部分(如眼睛、头发、光线和更精细的面部特征)来自源 A，粗糙样式(如姿势、发型、脸型和眼镜)来自源 B，所生成的人脸混合了源 A 和源 B 的特征。StyleGAN 还可以控制增加一些配饰，比如眼镜和样式。

图 6.3　从源 A 和源 B 混合生成的图像

上述 StyleGAN 论文也称为 StyleGAN 系列论文的第一篇，虽然之前还有一篇在 2017 年发表的相关论文叫作 Progressive GAN(简称 ProGAN)，但名称不一样。StyleGAN 原作者 Tero Karras 与合作者随后在 2020 年发表一篇相关论文 *Analyzing and Improving the Image Quality of StyleGAN*，称为 StyleGAN 2，可在网址 https://arxiv.org/abs/1912.04958 下载；Tero Karras 与合作者在 2021 年发表一篇相关论文 *Alias-Free Generative Adversarial Networks*，称

为 StyleGAN 3，可在网址 https://arxiv.org/abs/2106.12423 下载。有关 StyleGAN 各个版本的材料可以在网址 https://nvlabs.github.io/stylegan2/versions.html 中找到。

StyleGAN 2 主要解决上一个版本出现的水珠伪影问题，论文认为导致伪影的原因是 AdaIN 对每一个特征图(feature map)都单独进行均值和方差的归一化操作，因此可能破坏特征之间的信息。

StyleGAN 3 探索并尝试解决 GAN 生成模型的一个普遍问题：生成过程并不是一个自然的层次化生成，粗糙特征(GAN 浅层网络的输出特征)主要控制精细特征(GAN 深层网络的输出特征)的存在与否，没有严格控制其出现的精确位置。作者认为产生这个现象的根本原因是目前的生成器网络架构是卷积+非线性+上采样等结构，而这样的结构没有做到很好的等变性(equivariance)，因此作者试图改进现有的 StyleGAN 2 生成器网络结构，使其具有高质量的等变性。

6.2 StyleGAN 架构

本节讲述 StyleGAN 的架构，首先介绍 StyleGAN 的成就和样式的含义，并展示它在架构上的改进，然后讲述 StyleGAN 各个组件，包括渐进式增长、噪声映射网络、样式模块 AdaIN、样式混合和随机噪声等。

6.2.1 StyleGAN 生成器结构

我们已经知道，StyleGAN 在三个方面进行了改进：首先是生成高质量、高分辨率的图像，其次是输出更加多样化的图像，第三是增加对图像特性的控制。前两点都比较直观，第三是可以添加帽子或太阳镜等特征，或者将两种生成图像的不同样式混合在一起。

StyleGAN 尝试采用 WGAN 和 WGAN-GP 两种方法，发现这两种损失在不同的高分辨率人脸数据集上的效果各有千秋。

StyleGAN 增加了对图像特性的控制，可以将两张图像的样式混合成一张新图像，如头发的颜色和造型风格来自一张照片，而面部特征来自另一张照片；还可以添加诸如眼镜等配饰。

StyleGAN 通过对潜在空间解耦合来实现这些功能，后文将详述更多细节。在图像生成的背景下，"样式"这个词可以表述图像中的任意变化，可以认为这些变化通常代表图像中不同层次的外观和感觉，这些不同层次可能代表更大的、更粗糙的风格(如脸型或面部结构)，也可能代表更精细、更细微的风格(如头发的颜色或几缕头发的位置)。StyleGAN 生成器由多个网络块组成，接近输入的网络块会影响面部结构或姿势等较粗糙的特征；接近输出的网络块则影响更精细的细节风格，如头发颜色、眉毛形状等。

StyleGAN 的生成器体系结构如图 6.4 所示。其中，(a)图是传统的 GAN 生成器结构，(b)图是 StyleGAN 基于样式的生成器结构。StyleGAN 相对于传统生成器更为复杂，后文将详细讲解这些组件以及工作原理。

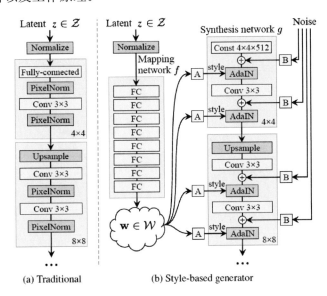

图 6.4　StyleGAN 生成器结构

6.2.2　渐进式增长

渐进式增长最先是在 ProGAN 中提出的，然后成为 StyleGAN 的一个重要组成部分。下面介绍渐进式增长原理，并探讨如何进行实现。

StyleGAN 渐进式增长有一个听起来很朴素的动机，就是从低分辨率图像开始逐渐训练到高分辨率图像，生成器更容易生成高分辨率图像。首先从一个简单的任务开始，比如生成一张 4×4 的非常模糊的图像，然后逐步再到更高分辨率的图像。升始时，生成器只需要生成 4×4 的图像，由判别器来评估它的真假。当然，为了使任务不过于简单，真实图像会同步下采样到 4×4，以免判别器直接根据分辨率来确定真伪。然后，渐进式增长的下一步就是将图像尺寸翻倍，生成 8×8 的图像。同样，真实图像也会下采样到 8×8，增加使得判别器评估真伪就比前一次稍难。判别器需要新增额外卷积层来接收 8×8 图像的输入，生成器也同样需要新增额外卷积层以便能够生成更高分辨率的图像。注意，这里新增卷积层的 8×8

不是指过滤器的大小，而是指生成器的期望输出和判别器的期望输入的图像的空间大小。StyleGAN 的训练过程中会定制一个训练计划，每隔一定间隔就新增卷积层以提升分辨率，直到达到预设的分辨率，如 1024×1024。最终生成器能够生成超高分辨率的图像，判别器将超高分辨率的生成图像与真实图像进行对比，这时不需要下采样就能够判断图像的真假。这就是如图 6.5 所示的渐进式增长[①]，即从左到右逐渐增加网络的复杂度，图中的 G 和 D 分别是生成器和判别器，Latent 指潜向量，Reals 指真实图像。

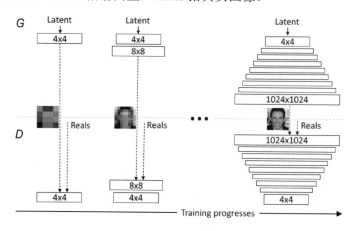

图 6.5　渐进式增长

StyleGAN 的生成器网络和判别器网络是彼此的镜像，并且总是同步增长。在整个训练过程中，两个网络中的所有当前层都是可训练的。当向网络中添加新层时，需要平滑地将它们淡入(fade in)，以免对已经训练好的低分辨率层造成突然的冲击。

当生成器 G 和判别器 D 的分辨率加倍时，平滑地淡入新增卷积层。图 6.6 说明了从 16×16 图像(a)过渡到 32×32 图像(c)，在过渡到(b)期间，将较高分辨率上操作的层视为残差块，其权重 α 从 0 到 1 线性增加。当 α 很小时，较低分辨率的层占的比重较大，较高分辨率的层占的比重较少；当 α 增大时，较低分辨率的层占的比重较小，较高分辨率的层占的比重较大；当 α 增大到 1 时，完全过渡到较高分辨率的层，这就是淡入的概念。图 6.6 中的"2x"和"0.5"分别指使用最近邻过滤和平均池化方法去加倍和减半图像的分辨率，"toRGB"表示将特征向量投影到 RGB 颜色的网络层，"fromRGB"则表示反向操作，两者都使用 1×1 的卷积核。当训练判别器时，先缩小真实图像的尺寸以匹配网络的当前分辨率，然后再进行输入。在分辨率淡入的过渡期间，需要在真实图像的两个分辨率之间进行插值，类似于

---

① 来源：https://arxiv.org/abs/1710.10196v3

生成器输出两个分辨率的组合方式。

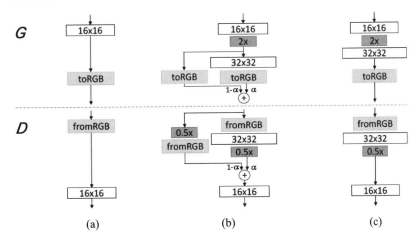

图 6.6　成倍增大 G 和 D 分辨率的原理

总之，渐进式增长会将图像分辨率增加一倍，以便 StyleGAN 能通过循序渐进的方式更容易学习更高分辨率的图像。从本质上讲，这有助于更快、更稳定地训练模型。

6.2.3　噪声映射网络

本小节讲述噪声映射网络，这是 StyleGAN 中的独特组件，并介绍如何添加噪声向量作为输入以细微地控制样式。内容上首先展示噪声映射网络的结构，然后说明其存在的意义，最后说明其中间向量输出到何处。

噪声映射网络是将噪声向量 z 映射到一个中间噪声向量 w 中，噪声向量经过网络映射的目的是能得到一个解耦的表示。噪声映射网络由 8 个全连接层组成，层与层之间使用非线性激活函数，该网络也常被称为多层感知器(MLP)或全连接网络(FC)，如图 6.7 所示。这里的噪声映射网络是一个非常简单的神经网络，输入噪声向量 z 的大小是 512，经过 8 层全连接网络映射为大小仍然是 512 的中间噪声向量 w 上。用正态分布对 z 的全部 512 个值进行抽样，将 z 输入网络中得到中间噪声向量 w。

当噪声向量 z 没有真正以一对一的方式映射到输出特征时，Z 空间就发生耦合，当改变 z 向量中的一个值时，实际上可能改变了输出中的多个不同特征。这非常糟糕，因为它没法对图像进行细粒度控制。比如，想改变一个人的头发却同时改变了他的眉毛，这就是耦合，此时需要进行解耦。

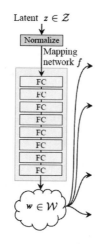

图 6.7　噪声映射网络

噪声向量 Z 空间经常发生耦合，如图 6.8 所示。其原因是真实数据具有一定的概率分布，比如，特定图像样本是戴着眼镜还是不戴眼镜都有一个概率，所以是否戴眼镜、有无胡子、头发的特定颜色、眼睛、年龄等特征都有某个概率分布。因为很难将 Z 空间的正态分布映射到所有输出特征的正确概率分布，所以它会试图找到某种方式来扭曲自己，以便能够映射到这些特征上。完全解耦并实现一一映射难以做到，因此，为了能够映射生成的所有输出特征，有必要学习一组复杂的映射关系。

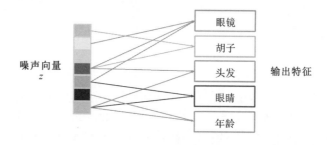

图 6.8　Z 空间的耦合

然而，将噪声向量进行映射得到中间噪声向量则留有更多余地，该空间称为 W 空间，用它来匹配真实数据的概率分布，使得学习一一映射更为容易，这就是解耦。因此，从本质上讲，噪声向量不需要拘泥于训练数据的统计量，而是更要学习这些变量因子，这些变量是线性的，因而更容易生成，这有助于减少样式的相关性紧密程度，最终有助于控制某个特征。解耦后，中间噪声向量 w 更容易控制输出特征，W 空间比 Z 空间的耦合更少，并且中间噪声向量是学习出来的，如图 6.9 所示。

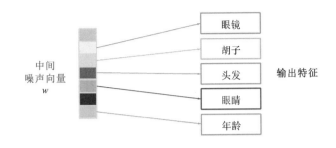

图 6.9　W 空间解耦

前文已经介绍过渐进式增长，其输出的图像大小会渐进式翻倍。图 6.10 是 StyleGAN 生成器架构，噪声映射网络的输出作为合成网络 g 中全部块的输入。噪声 z 通过该映射网络映射为 w，然后输入到网络的多个不同位置(后文会讲述 w 如何输入，以及输入在不同位置的不同影响)。注意，w 并不像通常 GAN 的噪声 z 那样在网络的最开始处输入，StyleGAN 模型一开始输入的不是 w，而是一个固定值，其尺寸是 4×4×512，然后渐进式地成倍放大初始的 4×4 图像。中间块中引入噪声向量，使得生成的图像发生变化，所以噪声向量多次进入中间块中的不同位置会造成不同的影响。

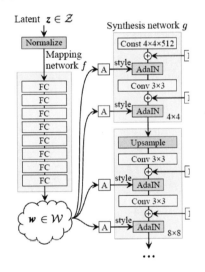

图 6.10　噪声映射网络输入到合成网络

总之，噪声映射网络是一个前馈神经网络，具有 8 个全连接层和中间激活函数。它将噪声向量 z 映射到中间噪声向量 w，w 用于生成器的多个位置的输入，以控制生成图像的样式。

6.2.4 样式模块 AdaIN

本节研究中间噪声向量如何与生成器网络集成，这是由一个样式模块完成的，称为自适应实例规范化(adaptive instance normalization，AdaIN)。内容上首先讨论实例规范化，并将其与批规范化进行比较；然后讨论自适应实例规范化中的自适应的含义，并讨论为什么要使用 AdaIN 以及用在何处。

前文已经讲述了渐进式增长以及噪声映射网络，后者将中间噪声 w 注入到合成网络的不同块中。每个块都有一个上采样层和两个卷积层来帮助学习额外特征，其中上采样层会将图像尺寸放大一倍，而 AdaIN 位于每个卷积层之后。在图 6.10 中可以看到 AdaIN 的位置，以及 w 如何注入到每一块。

图 6.11 展示如何对卷积层的输出进行实例规范化。常规规范化的过程是从卷积层得到输出 x，然后使其规范化为均值为 0 和标准差为 1 的数据。但 AdaIN 不是这样做的，因为它不是基于批的规范化，批规范化(图中标识为 Batch Norm)是在一个小批量数据中，对 N 个样本、高度 H 和宽度 W 的图像做规范化，也就是基于图中的深色单元格计算均值和标准差，然后对下一批和下一个通道也完成同样操作。但是实例规范化(图中标识为 Instance Norm)有所不同，它只看一个样本，而不是整个批的统计数据，确切地说是只看一张图像的一个通道，只对图像高度 H 和宽度 W 的图像做规范化，基于图中的深色单元格计算均值和标准差，然后对下一个通道也完成同样操作。实例规范化主要用于样式迁移，合成网络的每块中的两个 AdaIN 都需要做实例规范化。

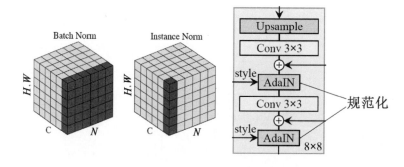

图 6.11　AdaIN 的实例规范化

实例规范化使用公式如下：

$$\frac{x_i - \mu(x_i)}{\sigma(x_i)}$$

即实例或样本减去均值 μ 再除以标准差 σ，这里将实例索引记为 i，实例就是 x_i。自适应实例规范化的第一步就是将实例的每个值都规范化成均值为 0、标准差为 1 的数据。

自适应部分会将自适应样式与规范化后的数据相融合。自适应样式来源于中间噪声向量 w，因此自适应实例规范化就是将 w 融入合成网络中。w 将样式注入到 AdaIN，但实际上并不是直接输入的，还要经过仿射变换。具体来说，w 会通过两个全连接层 FC 输出两个参数：y_s 代表比例(scale)，y_b 代表偏置(bias)。比例为缩放参数，偏置也称为平移参数，这些统计数据将输入到 AdaIN 层。在图 6.12 中，图中的 A 指仿射变换，即不加激活函数的全连接层(FC)；图中左上部的"A 细节"描述了融合过程。

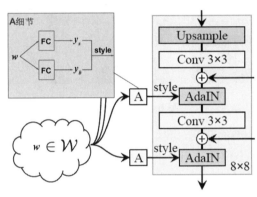

图 6.12　AdaIN 的融合过程

完成实例规范化步骤之后得到 y_s 和 y_b，然后 AdaIN 需要乘以 y_s 并加上 y_b，相当于从中间噪声因子中提取统计数据来重新缩放和平移数据。

$$\mathrm{AdaIN}(x_i, y) = y_{s,i} \frac{x_i - \mu(x_i)}{\sigma(x_i)} + y_{b,i} \tag{6.1}$$

平移和缩放就是获取自适应样式。之所以说自适应，是因为 w 会变化，导致提取的 y_s 和 y_b 值变化。样式实际上就是重新缩放和平移数值到一定范围，可以将样式想象成有同样内容但有不同 y_s 和 y_b 值的一张图像，就像不同画家的画作，可能都是同一张人脸，却是不同的样式：把数值缩放和平移到不同的范围就会得到不同的样式。

生成器由许多网络块组成，前面的块有较粗糙的特征，后面的块则具有较细微的细节特征。生成器的每个块上都会使用 AdaIN，从 w 获取样式信息并注入到对应特征图中。因此，当 w 注入到前面的块中时，w 样式会影响或改变粗糙的特征；当 w 注入到后面的块中时，w 会影响或改变精细的细节。在不同的块中注入不同的样式，就可以控制粗糙或细粒度的样式。

综上所述，自适应实例规范化就是将样式信息通过中间噪声向量 w 注入到生成图像上，实例规范化针对每个实例进行规范化，而自适应部分能够将中间噪声向量 w 的不同样式融入图像或中间特征图上。

6.2.5 样式混合和随机噪声

图 6.13 展示了样式混合的直观概念，左边戴墨镜谢顶的男人照片和一张长发女人照片可以混合为一张头发稍微有点稀疏且戴眼镜的男子照片。样式混合就是想达到将多种样式进行混合的目的。

 + 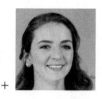 =

图 6.13　样式混合

通过 6.2.3 至 6.2.5 小节的介绍，我们已经大致了解了样式混合的工作原理。可以将中间噪声 w 注入到网络的多个位置，但并不要求每次的 w 都是同一个。可以将一个 w 注入到某个位置，但不注入到其他位置；也可以有两个甚至多个不同的 w，把 w_1 注入到一个位置，再把 w_2 注入到另一个位置，以此类推，只要注入到 AdaIN 模块就可以，如图 6.14 所示。注入的位置决定混合的样式到底是精细还是粗糙，注入越晚，从 w 获得的特征越精细；反之则获得的特征越粗糙。这间接提高了模型输出的多样性，模型在训练中不断混合不同样式，就可以得到多样性的输出。

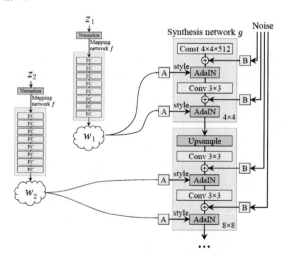

图 6.14　样式混合注入原理

图 6.15 是一个使用 StyleGAN 生成人脸的例子。第一列是用 w_1 生成的图像，虽然这三张图像的 w 各不相同，这里暂且将它们统称为 w_1。第一行则是用 w_2 生成的图像，也统称为 w_2。第二行是从第一行的 w_2 得到粗糙样式，因此可以看到与性别有关的粗糙样式的脸型，然后从 w_1 得到精细样式，每一张图像都是 w_1 和 w_2 这两个中间噪声向量混合产生的。第三行和第四行与第二行的情况类似，不同点是从 w_2 得到的不是粗糙样式，而分别是中间样式和精细样式。在不同位置注入样式可以得到不同结果，这就是样式混合的意义所在。混合输入不同的 w_1 和 w_2 向量，以及控制注入位置，可以控制不同的样式混合方式，以及预期的粗、中、细样式。

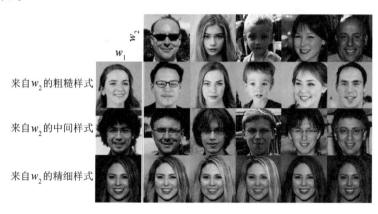

图 6.15　样式混合示例[①]

除了完成样式混合外，StyleGAN 还可以为模型添加额外的噪声，从而为图像添加随机变化。当然，在生成器的不同位置注入噪声同样有不同的影响，如图 6.16 所示。其中，(a)图将噪声应用于所有图层，(b)图无噪声，(c)图仅在精细层(64^2 至 1024^2)中注入噪声，(d)图只在粗糙层(4^2 至 32^2)注入噪声。可以看到，无噪声会导致毫无特色的"绘画"外观；粗糙噪声会导致头发大面积卷曲，背景特征更大；精细噪声则会使头发卷曲更细，背景细节更细，皮肤毛孔更细。

随机变化只是一个在生成器中注入噪声的单独过程，与中间噪声向量 w 无关。它首先在正态分布中采样得到随机噪声，然后将噪声值与卷积特征图 x 进行连接操作，最后注入到 AdaIN 模块，为图像数据增加一些随机性，如图 6.17 所示。图中的 B 将每通道缩放因子应用于噪声输入，该因子不是预设的，而是学习到的。

---

① 来源：https://arxiv.org/abs/1812.04948v3

图 6.16　随机变化

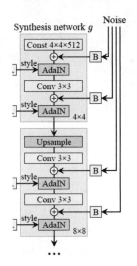

图 6.17　注入随机噪声

　　噪声变化可以为图像带来非常细微的变化，比如改变一缕头发，如图 6.18 所示。图中对一个男人和一个女孩的发型进行放大，这代表 StyleGAN 对非常细微的细节的建模能力。其中，(a)图是两张生成图像；(b)图是输入不同实现方式的噪声的放大图，虽然整体外观几乎相同，但每根头发的位置却大不相同；(c)图是超过 100 种不同实现方式的每个像素上的标准差，突出显示了图像的哪些部分易受到噪声的影响，主要区域是头发、轮廓和部分背景，而在眼睛反射中也有有趣的随机变化，个体和姿态等全局方面则不受随机变化的影响。

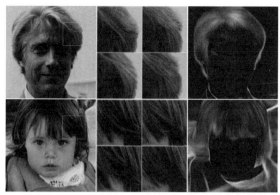

(a) Generated image　(b) Stochastic variation　(c) Standard deviation

图 6.18　随机变化

总之，使用中间噪声向量来进行样式混合，可以增加模型在训练期间所见的多样性，且能控制粗糙或精细的样式；随机噪声则是在输出中注入细微变化的另一种方式。样式的粗糙或精细取决于样式混合或噪声注入在网络中的什么位置，较早注入会增加粗糙变化，较晚注入则会增加精细变化。

本书附带代码没有实现样式混合和随机噪声，但实现起来应该不会有非常大的难度，因此将这两个功能留作作业。

6.3　StyleGAN 实现

StyleGAN 论文的官方实现采用 TensorFlow 框架，下载网址为 https://github.com/NVlabs/stylegan，FFHQ 数据集可以在 https://github.com/NVlabs/ffhq-dataset 下载。StyleGAN 2 官方实现采用 TensorFlow 框架，下载网址为 https://github.com/NVlabs/stylegan2，StyleGAN2-ADA 官方实现的 TensorFlow 版本为 https://github.com/NVlabs/stylegan2-ada，PyTorch 版本为 https://github.com/NVlabs/stylegan2-ada-pytorch。

本书使用 PyTorch 框架实现 StyleGAN，完成一个简单、可读的实例，并尽可能地复现原始论文。

6.3.1　加载数据集

StyleGAN 原论文加载的数据集是 CelebA-HQ 和 FFHQ，都是高清图像，对计算机的算力要求非常高，使用 8 块 Tesla V100 的 GPU 也要训练约一周时间。为了节省计算时间，本书使用分辨率只有 178×218 的 CelebA 数据集，但它也需要一定的算力。

为了简化，本例直接使用 torchvision 工具的 datasets.ImageFolder 类来加载图像数据集，图像变换使用调整到指定图像尺寸的 Resize()方法、转换为张量的 ToTensor()方法、随机水平翻转的 RandomHorizontalFlip()方法和规范化的 Normalize()方法。代码使用 BATCH_SIZES 列表确定当前批大小，根据 image_size 计算一个索引，分辨率越大，则批大小越小，这样根据分辨率可实现自适应的批大小。最后返回数据加载器和数据集实例。代码 6.1 如下所示。

代码 6.1　获取数据加载器和数据集

```
def data_loader(image_size, datadir=DATADIR):
    """ 返回数据加载器和数据集 """
    # 图像转换
    transform = transforms.Compose(
        [
            transforms.CenterCrop(IMG_WIDTH),
            transforms.Resize((image_size, image_size)),
            transforms.ToTensor(),
            transforms.RandomHorizontalFlip(p=0.5),
            transforms.Normalize([0.5 for _ in range(IMG_CHANNELS)], [0.5 for _
                        in range(IMG_CHANNELS)], )
        ]
    )
    # 根据图像尺寸计算批量大小
    batch_size = BATCH_SIZES[int(np.log2(image_size / 4))]
    # 数据集和数据加载器
    dataset = datasets.ImageFolder(root=datadir, transform=transform)
    loader = DataLoader(dataset, batch_size=batch_size, shuffle=True)
    return loader, dataset
```

6.3.2　网络层实现

StyleGAN 的判别器和生成器使用了很多自定义的网络层，功能比较杂，本书尽量让 PyTorchd 的实现紧凑；为了保持可读性和可理解性，把这些自定义的网络功能块全部放在一起。

在代码 6.2 中，首先定义一个名称为 factors 的数组，其中包含将与 IN_CHANNELS 相乘的数字，以得到在每个图像分辨率中对应的通道数。

代码 6.2　通道因子

```
# factors 中包含将与 IN_CHANNELS 相乘的数字，以得到在每个图像分辨率中对应的通道数
factors = [1, 1, 1, 1, 1 / 2, 1 / 4, 1 / 8, 1 / 16, 1 / 32]
```

噪声映射网络将噪声向量 z 输入 8 个全连接层中，每层都使用激活函数。作者以前将 ProGAN 中均衡学习率的方法应用到 StyleGAN 中，这是一个实现中容易犯错的地方。因此，此处专门定义一个加权缩放线性层的类，名称为 WSLinear，继承 nn.Module。在初始化 __init__()方法中，接收 in_features 和 out_channels 参数。接着创建一个线性层，然后定义一个比例(scale)，由于不希望线性层的偏置得到缩放，因此专门使用一个属性 self.bias 来存放偏置，最后初始化线性层。在前向传播 forward()方法中，接收数据 x，将 x 与比例 scale 相乘，经过线性层再加上偏置，如代码 6.3 所示。

代码 6.3　加权缩放线性层

```python
class WSLinear(nn.Module):
    """ 实现 Weighted Scaled Linear """
    def __init__(self, in_features, out_features):
        super().__init__()
        self.linear = nn.Linear(in_features, out_features)
        self.scale = (2 / in_features) ** 0.5
        # 不使用 nn.Linear 中的 bias，因为不想让偏置被缩放
        self.bias = self.linear.bias
        self.linear.bias = None

        nn.init.normal_(self.linear.weight)
        nn.init.zeros_(self.bias)

    def forward(self, x):
        return self.linear(x * self.scale) + self.bias
```

代码 6.4 中定义了 PixelNorm 类，其作用是在进入噪声映射网络之前对噪声 z 进行规范化。

代码 6.4　规范化层

```python
class PixelNorm(nn.Module):
    """ 在进入 Noise Mapping Network 前，先对 Z 规范化 """
    def __init__(self):
        super().__init__()
        self.epsilon = 1e-8

    def forward(self, x):
        return x / torch.sqrt(torch.mean(x ** 2, dim=1, keepdim=True) + self.epsilon)
```

代码 6.5 中定义了映射网络 MappingNetwork 类。在初始化 __init__()方法中，接收 z_dim 和 w_dim 参数，再定义规范化层，然后定义 8 个 WSLinear 层和对应的 ReLU 激活函数。在前向传播 forward()方法中，接收数据 x，并使用映射网络对 x 进行处理。

代码 6.5 映射网络

```python
class MappingNetwork(nn.Module):
    """ 实现论文中 Nomalize 层和 8 个 FC 层 """
    def __init__(self, z_dim, w_dim):
        super().__init__()
        self.f = nn.Sequential(
            PixelNorm(),
            WSLinear(z_dim, w_dim),
            nn.ReLU(),
            WSLinear(w_dim, w_dim),
            nn.ReLU(),
            WSLinear(w_dim, w_dim),
            nn.ReLU(),
            WSLinear(w_dim, w_dim),
            nn.ReLU(),
            WSLinear(w_dim, w_dim),
            nn.ReLU(),
            WSLinear(w_dim, w_dim),
            nn.ReLU(),
            WSLinear(w_dim, w_dim),
            nn.ReLU(),
            WSLinear(w_dim, w_dim),
        )

    def forward(self, x):
        return self.f(x)
```

代码 6.6 中实现了 AdaIN 类。在初始化__init__()方法中，接收 channels 和 w_dim 参数，初始化实例规范化部分的 instance_norm，然后初始化 style_scale 和 style_bias，这两者是 WSLinear 的自适应部分；再将中间噪声映射向量 w 映射到通道中。在前向传播 forward()方法中，接收数据 x 并对其应用实例规范化，进行缩放和平移处理后，返回运算结果。

代码 6.6 AdaIN 类

```python
class AdaIN(nn.Module):
    """ 实现 Adaptive Instance Normalization """
    def __init__(self, channels, w_dim):
        super().__init__()
        self.instance_norm = nn.InstanceNorm2d(channels)
        self.style_scale = WSLinear(w_dim, channels)
        self.style_bias = WSLinear(w_dim, channels)

    def forward(self, x, w):
        # 先规范化，然后计算 style_scale * x + style_bias
        x = self.instance_norm(x)
```

```
# 将 w 映射为通道
style_scale = self.style_scale(w).unsqueeze(2).unsqueeze(3)
style_bias = self.style_bias(w).unsqueeze(2).unsqueeze(3)
return style_scale * x + style_bias
```

代码 6.7 中创建了 InjectNoise 类来将噪声注入到生成器中。在初始化 __init__()方法中，接收 channels 参数，并将权重初始化为全 0，使用 nn.Parameter 是为了能够在训练中优化这些权重参数。在前向传播 forward()方法中，接收数据 x，用随机正态分布初始化噪声后，返回添加随机噪声后的图像。

代码 6.7　噪声注入类

```
class InjectNoise(nn.Module):
    """ 将噪声注入生成器 """
    def __init__(self, channels):
        super().__init__()
        self.weight = nn.Parameter(torch.zeros(1, channels, 1, 1))

    def forward(self, x):
        noise = torch.randn((x.shape[0], 1, x.shape[2], x.shape[3]), device=x.device)
        return x + self.weight * noise
```

代码 6.8 中实现了加权缩放卷积层，它继承 nn.Module，能为生成器均衡学习率。在初始化 __init__()方法中，接收 in_channels、out_channels、kernel_size、stride 和 padding，使用这些参数来定义一个普通的卷积层，然后定义一个比例(scale)因子。由于不希望卷积层的偏置得到缩放，因此专门使用一个 bias 变量来存放偏置。最后初始化卷积层。在前向传播 forward()方法中，接收数据 x，将 x 与比例 scale 相乘，使用卷积处理，最后加上偏置。

代码 6.8　加权缩放卷积层

```
class WSConv2d(nn.Module):
    """ Weighted Scaled Convolutional 层，用于均衡卷积层的学习率 """
    def __init__(self, in_channels, out_channels, kernel_size=3, stride=1,
                 padding=1):
        super().__init__()
        self.conv = nn.Conv2d(in_channels, out_channels, kernel_size, stride,
                 padding)
        self.scale = (2 / (in_channels * (kernel_size ** 2))) ** 0.5
        # 不使用 nn.Conv2d 中的 bias，因为不想让偏置被缩放
        self.bias = self.conv.bias
        self.conv.bias = None

        # 初始化卷积层
        nn.init.normal_(self.conv.weight)
        nn.init.zeros_(self.bias)
```

```
def forward(self, x):
    return self.conv(x * self.scale) + self.bias.view(1, self.bias.shape[0], 1, 1)
```

6.3.3 判别器

在代码 6.9 中，先定义卷积块类 ConvBlock 以帮助创建判别器。因为判别器中重复使用两个卷积层，把它们放在一个单独的类中，可让代码更清晰。在初始化 __init__()方法中，接收 in_channels 和 out_channels 参数，然后通过 WSConv2d 初始化 conv1 和 conv2，conv1 将 in_channels 映射到 out_channels，conv2 将 out_channels 映射到 out_channels，leaky_relu 通过 leakyReLU 初始化为负值斜率为 0.2 的激活函数。在前向传播 forward()方法中，接收数据 x，然后分别使用 conv1 层和 LeakyReLU 层处理，再使用 conv2 层和 LeakyReLU 层处理，最后返回处理结果。

代码 6.9 卷积块

```
class ConvBlock(nn.Module):
    """ 卷积块 """
    def __init__(self, in_channels, out_channels):
        super().__init__()
        self.conv1 = WSConv2d(in_channels, out_channels)
        self.conv2 = WSConv2d(out_channels, out_channels)
        self.leaky_relu = nn.LeakyReLU(0.2)

    def forward(self, x):
        x = self.leaky_relu(self.conv1(x))
        x = self.leaky_relu(self.conv2(x))
        return x
```

尽管 WGAN-GP 的原作者使用 Critic 来命名判别器，本示例还是使用传统的 Discriminator 名称。实际上，生成器和判别器在网络结构上大致是彼此的镜像，并且始终同步增长。

判别器类的实现如代码 6.10 所示。在初始化 __init__()方法中，接收 in_channels 参数和 im_channels 参数，leaky_relu 通过 LeakyReLU 初始化为负值斜率为 0.2 的激活函数，prog_blocks 使用下采样通过 ModuleList()包含所有渐进式增长块，rgb_blocks 通过 ModuleList()包含所有 RGB 块，initial_rgb 通过 WSConv2d 将 img_channels 映射到 in_channels，avg_pool 用于下采样，最终块 final_block 与其他块不太一样，因此单独定义。

代码 6.10　判别器类

```
class Discriminator(nn.Module):
    """ 判别器类 """
    def __init__(self, in_channels, img_channels=3):
        super().__init__()
        self.prog_blocks, self.rgb_layers = nn.ModuleList([]), nn.ModuleList([])
        self.leaky_relu = nn.LeakyReLU(0.2)

        # 这里从 factors 由后向前推算，因为判别器应该与生成器镜像。因此，追加的第一个
        # prog_block 和 rgb 层适用于输入大小 1024×1024，然后是 512->256->，等等
        for i in range(len(factors) - 1, 0, -1):
            conv_in = int(in_channels * factors[i])
            conv_out = int(in_channels * factors[i - 1])
            self.prog_blocks.append(ConvBlock(conv_in, conv_out))
            self.rgb_layers.append(WSConv2d(img_channels, conv_in,
                                    kernel_size=1, stride=1, padding=0))

        # initial_rgb 名称有点怪异，得名于生成器 initial_rgb 的 "镜像"，其图像高度为 4×4
        self.initial_rgb = WSConv2d(img_channels, in_channels, kernel_size=1,
                                    stride=1, padding=0)
        self.rgb_layers.append(self.initial_rgb)
        self.avg_pool = nn.AvgPool2d(kernel_size=2, stride=2)  # 下采样使用平均池化

        # 4×4 的块
        self.final_block = nn.Sequential(
            # in_channels + 1，是因为连接 MiniBatch std
            WSConv2d(in_channels + 1, in_channels, kernel_size=3, padding=1),
            nn.LeakyReLU(0.2),
            WSConv2d(in_channels, in_channels, kernel_size=4, padding=0, stride=1),
            nn.LeakyReLU(0.2),
            # 代替线性层
            WSConv2d(in_channels, 1, kernel_size=1, padding=0, stride=1),
        )

    def fade_in(self, alpha, downscaled, out):
        """ CNN 输出使用平均池化和，缩小 fade in """
        # alpha 应该缩放至[0,1]范围
        assert downscaled.shape == out.shape
        return alpha * out + (1 - alpha) * downscaled

    def minibatch_std(self, x):
        batch_statistics = (torch.std(x, dim=0).mean().repeat(x.shape[0], 1,
                            x.shape[2], x.shape[3]))
        # 对每个样本跨所有通道和像素取标准差，然后对单个通道重复此操作，并将其与图像连接起来
        # 通过这种方式，判别器获得批量图像中的差异信息
        return torch.cat([x, batch_statistics], dim=1)
```

```
def forward(self, x, alpha, steps):
    # 从 prog_blocks 列表倒数开始，最后一块的大小是 4×4
    # 例如，假设 steps=1，那么应该从倒数第二个开始，因为 input_size 是 8×8。如果 steps=0，
    # 则只使用最后一个块
    cur_step = len(self.prog_blocks) - steps

    # 初始步骤从 rgb 开始转换，取决于图像的大小，每张图像都有其 rgb 层
    out = self.leaky_relu(self.rgb_layers[cur_step](x))

    if steps == 0:  # 这里的图像大小为 4×4
        out = self.minibatch_std(out)
        return self.final_block(out).view(out.shape[0], -1)

    # 因为 prog_blocks 可能会改变通道，downscaled 使用前一步更小的 rgb_layer，
    # 即 cur_step + 1
    downscaled = self.leaky_relu(self.rgb_layers[cur_step + 1]
                (self.avg_pool(x)))
    out = self.avg_pool(self.prog_blocks[cur_step](out))

    # fade_in 在 downscaled 和输入之间完成，与生成器相反
    out = self.fade_in(alpha, downscaled, out)

    for step in range(cur_step + 1, len(self.prog_blocks)):
        out = self.prog_blocks[step](out)
        out = self.avg_pool(out)

    out = self.minibatch_std(out)
    return self.final_block(out).view(out.shape[0], -1)
```

fade_in()方法接收 alpha 参数，downscaled 参数是平均池化输出，out 参数是卷积层输出，返回 alpha * out + (1 − alpha) * downscaled。

minibatch_std()方法接收 x 参数，为每个样本的所有通道和像素计算标准差，然后对单个通道重复此操作并将其与图像连接，这样判别器就可获得图像中的差异信息。

在前向传播 forward()方法中，接收数据 x、alpha 和 steps 参数，处理过程正好与生成器的 forward()方法完全相反。在开始步骤中，根据图像大小将其从 RGB 转换到 in_channels，检查 steps 是否为 0，如果是，就只使用 minibatch_std 和最后一块进行处理，否则在 downscaled 和 out 之间使用 fade_in 来淡入，然后通过渐进块来输出对应 out 分辨率；重复下采样，直到达到与 steps 相关的期望分辨率，然后使用 minibatch_std 处理，最后返回 final_block。

6.3.4 生成器

生成器体系结构有一些可复用的模式，因而首先创建一个命名为 GenBlock 的生成块

类，尽可能复用代码。该类继承 **nn. module**，如代码 6.11 所示。

代码 6.11　生成块

```
class GenBlock(nn.Module):
    """ 生成块，代码复用 """
    def __init__(self, in_channel, out_channel, w_dim):
        super(GenBlock, self).__init__()
        self.conv1 = WSConv2d(in_channel, out_channel)
        self.conv2 = WSConv2d(out_channel, out_channel)
        self.leaky_relu = nn.LeakyReLU(0.2, inplace=True)
        self.inject_noise1 = InjectNoise(out_channel)
        self.inject_noise2 = InjectNoise(out_channel)
        self.adain1 = AdaIN(out_channel, w_dim)
        self.adain2 = AdaIN(out_channel, w_dim)

    def forward(self, x, w):
        x = self.adain1(self.leaky_relu(self.inject_noise1(self.conv1(x))), w)
        x = self.adain2(self.leaky_relu(self.inject_noise2(self.conv2(x))), w)
        return x
```

在初始化 __init__()方法中，接收 in_channels、out_channels 和 w_dim 参数，然后使用 WSConv2d 初始化 conv1 和 conv2，conv1 将 in_channels 映射到 out_channels，conv2 将 out_channels 映射到 out_channels。使用 Leaky ReLU 初始化 leaky_relu，使用论文中指定的负值斜率 0.2。然后使用 InjectNoise 初始化 inject_noise1 和 inject_noise2，使用 AdaIN 初始化 adain1 和 adain2。

在前向传播 forward()方法中，接收数据 x 和 w 参数，将 x 传递给 conv1，然后通过 inject_noise1 注入噪声 w，再使用 leaky_relu 激活函数，最后使用 adain1 将其规范化。接着将输出 x 传递给 conv2，然后通过 inject_noise2 注入噪声 w，再使用 leaky_relu 激活函数，最后使用 adain2 将其规范化，并返回处理后的输出 x。

现在可以创建生成器，生成器类如代码 6.12 所示。

代码 6.12　生成器类

```
class Generator(nn.Module):
    """ 生成器类 """
    def __init__(self, z_dim, w_dim, in_channels, img_channels=3):
        super(Generator, self).__init__()
        self.starting_constant = nn.Parameter(torch.ones((1, in_channels, 4, 4)))
        self.map = MappingNetwork(z_dim, w_dim)
        self.initial_adain1 = AdaIN(in_channels, w_dim)
        self.initial_adain2 = AdaIN(in_channels, w_dim)
        self.initial_noise1 = InjectNoise(in_channels)
        self.initial_noise2 = InjectNoise(in_channels)
```

```python
        self.initial_conv = nn.Conv2d(in_channels, in_channels, kernel_size=3,
                                      stride=1, padding=1)
        self.leaky_relu = nn.LeakyReLU(0.2, inplace=True)

        self.initial_rgb = WSConv2d(in_channels, img_channels, kernel_size=1,
                                    stride=1, padding=0)
        self.prog_blocks = nn.ModuleList([])
        self.rgb_layers = nn.ModuleList([self.initial_rgb])

        for i in range(len(factors) - 1):  # 因为factors[i+1]，-1防止索引错误
            conv_in_c = int(in_channels * factors[i])
            conv_out_c = int(in_channels * factors[i + 1])
            self.prog_blocks.append(GenBlock(conv_in_c, conv_out_c, w_dim))
            self.rgb_layers.append(WSConv2d(conv_out_c, img_channels,
                                    kernel_size=1, stride=1, padding=0))

    def fade_in(self, alpha, upscaled, generated):
        # alpha 应该缩放至[0, 1]范围
        assert upscaled.shape == generated.shape, "upscaled 和 generated 大小不一致"
        return torch.tanh(alpha * generated + (1 - alpha) * upscaled)

    def forward(self, noise, alpha, steps):
        w = self.map(noise)
        x = self.initial_adain1(self.initial_noise1(self.starting_constant), w)
        x = self.initial_conv(x)
        out = self.initial_adain2(self.leaky_relu(self.initial_noise2(x)), w)

        if steps == 0:
            return self.initial_rgb(x)

        for step in range(steps):
            upscaled = F.interpolate(out, scale_factor=2, mode="bilinear")
            out = self.prog_blocks[step](upscaled, w)

        # upscale 通道数量将保持不变，而通过 prog_blocks 输出的通道数量可能会发生变化
        # 为了确保不变，分别使用不同的 rgb_layers 的 (steps-1) 和 steps 进行 upscaled,
        # 将两者都转换为 rgb
        final_upscaled = self.rgb_layers[steps - 1](upscaled)
        final_out = self.rgb_layers[steps](out)
        return self.fade_in(alpha, final_upscaled, final_out)
```

在初始化 __init__()方法中，将 starting_constant 初始化为 4×4 的张量，通过渐进式增长生成器，由 MappingNetwork、initial_adain1、initial_adain2 进行映射，再由 initial_noise1、initial_noise2 注入噪声，initial_conv 使用 Conv2d 卷积层，leaky_relu 使用负值斜率为 0.2 的 LeakyReLU 激活函数，initial_rgb 使用 WSConv2d 层将 in_channels 映射为 img_channels，prog_blocks 使用 ModuleList 包含所有渐进块，rgb_blocks 使用 ModuleList 包含所有 RGB 块。

fade_in()方法实现在新增层中输入淡入,接收 alpha 参数,求 upscaled 和 generated 加权和,然后返回 tanh(alpha * generated + (1 - alpha) * upscaled)值。使用 tanh 激活函数的原因是能将输出像素的范围缩放到在 1 到-1 之间。

在前向传播 forward()方法中,接收噪声 noise、alpha 和 steps 参数,alpha 值在训练中从 0 到 1 线性增加以慢慢淡入,steps 代表当前处理的分辨率,使用 MappingNetwork 将噪声 noise 映射到中间噪声向量 w,将 starting_constant 传给 initial_noise1,其结果与 w 一起使用 initial_adain1 层处理,然后使用 initial_conv 卷积层处理,再将结果传递给 initial_noise2 和 LeakyReLU 激活函数,其结果和 w 一起使用 initial_adain2 层处理。然后检查 steps 是否为 0,如果是,就返回 initial_rgb(x),否则循环 steps。在每个循环中,使用双线性插值放大一倍图像,然后运行与当前分辨率对应的渐进块(prog_blocks)。最后调用 fade_in 方法对 final_out 和 final_upscaled 进行淡入处理并返回结果。

6.3.5　模型训练

在代码 6.13 中设置超参数。其中 START_TRAIN_IMG_SIZE 常量指定从 4×4 图像尺寸开始训练,每次渐进式增长宽高各一倍;BATCH_SIZES 指定渐进式增长的批量大小,与图像尺寸大小成反比;因为训练使用梯度惩罚,所以按照常规设置 LAMBDA_GP 为 10。

代码 6.13　超参数

```
# 超参数
DATADIR = '../datasets/celeba'
START_TRAIN_IMG_SIZE = 4
DEVICE = torch.device('cuda' if torch.cuda.is_available() else 'cpu')
LR = 1e-3
BATCH_SIZES = [256, 256, 128, 64, 32, 16]
IMG_CHANNELS = 3
IMG_WIDTH = 178
Z_DIM = 512
W_DIM = 512
IN_CHANNELS = 512
LAMBDA_GP = 10
PROGRESSIVE_EPOCHS = [30] * len(BATCH_SIZES)
BETA1 = 0.0
BETA2 = 0.99
```

由于 StyleGAN 生成图像和其他 GAN 不同,因此没有使用 utils 模块的 save_examples 函数,而是重新编写一个如代码 6.14 所示的函数,用于保存训练过程中的测试样本。

```python
def save_examples(gen, step, n_examples=100, folder=OUT_DIR):
    """ 保存测试样本 """
    gen.eval()
    alpha = 1.0
    with torch.no_grad():
        noise = torch.randn(n_examples, Z_DIM).to(DEVICE)
        imgs = gen(noise, alpha, step)
        imgs = (imgs.detach().cpu() + 1) * 0.5
        fake_imgs = make_grid(imgs, nrow=10, padding=2, normalize=False)
        save_image(fake_imgs, os.path.join(folder, 'images_{}.png'.format(step)),
                normalize=False)

    gen.train()
```

由于 StyleGAN 使用梯度惩罚方法，因此需要计算梯度惩罚损失，为此专门编写一个如代码 6.15 所示的 gradient_penalty 函数来实现这个功能。该函数生成一个随机权重项 epsilon，然后使用该项计算真实样本和生成样本中间的随机插值 interpolated_images，并将其输入到判别器以计算评分 mixed_scores，计算插值图像评分的梯度后，按照公式 $\mathbb{E}(\|\nabla C(\hat{x})\|_2 - 1)^2$ 计算梯度惩罚项并返回结果。

```python
def gradient_penalty(disc, real, fake, alpha, train_step, device=DEVICE):
    """ 实现梯度惩罚算法 """
    batch_size, c, h, w = real.shape
    epsilon = torch.rand((batch_size, 1, 1, 1)).repeat(1, c, h, w).to(device)
    interpolated_images = real * epsilon + fake.detach() * (1 - epsilon)
    interpolated_images.requires_grad_(True)

    # 计算判别器评分
    mixed_scores = disc(interpolated_images, alpha, train_step)

    # 计算图像评分的梯度
    gradient = torch.autograd.grad(
        inputs=interpolated_images,
        outputs=mixed_scores,
        grad_outputs=torch.ones_like(mixed_scores),
        create_graph=True,
        retain_graph=True,
    )[0]
    gradient = gradient.view(gradient.shape[0], -1)
    gradient_norm = gradient.norm(2, dim=1)
    gp_result = torch.mean((gradient_norm - 1) ** 2)
    return gp_result
```

为了简化，下面将训练一轮的代码全部写到一个 train_gan()函数中，如代码 6.16 所示。在循环体中，首先计算判别器损失，然后使用反向传播来更新判别器网络参数，计算生成器损失后，根据损失来更新生成器网络参数。

代码 6.16　训练函数

```python
def train_gan(disc, gen, loader, dataset, step, alpha, opt_disc, opt_gen):
    """ 训练 GAN """
    iters = 0

    # 迭代训练
    for idx, (real, _) in enumerate(loader):
        # 更新判别器参数
        real = real.to(DEVICE)
        cur_batch_size = real.shape[0]
        noise = torch.randn(cur_batch_size, Z_DIM).to(DEVICE)
        fake = gen(noise, alpha, step)
        disc_real = disc(real, alpha, step)
        disc_fake = disc(fake.detach(), alpha, step)
        gp = gradient_penalty(disc, real, fake, alpha, step, DEVICE)
        loss_disc = (- (torch.mean(disc_real) - torch.mean(disc_fake))
                    + LAMBDA_GP * gp + 0.001 * torch.mean(disc_real ** 2))

        disc.zero_grad()
        loss_disc.backward()
        opt_disc.step()

        # 更新生成器参数
        gen_fake = disc(fake, alpha, step)
        loss_gen = -torch.mean(gen_fake)

        gen.zero_grad()
        loss_gen.backward()
        opt_gen.step()

        alpha += cur_batch_size / (PROGRESSIVE_EPOCHS[step] * 0.5 * len(dataset))
        alpha = min(alpha, 1)

        # 输出训练过程性能统计
        if idx % PRINT_ITER == 0:
            print(f"迭代:{iters}, GP:{gp.item():.4f}, D损失:{loss_disc.item():.4f},
                    G损失: {loss_gen.item():.4f}")

        iters += 1

    return alpha
```

代码 6.17 中首先实例化生成器和判别器，并让判别器和生成器都使用 Adam 优化函数。

代码6.17　实例化生成器和判别器

```
# 实例化生成器
gen = Generator(Z_DIM, W_DIM, IN_CHANNELS, IMG_CHANNELS).to(DEVICE)
print(gen)

# 实例化判别器
disc = Discriminator(IN_CHANNELS, IMG_CHANNELS).to(DEVICE)
print(disc)

# 判别器和生成器都使用 Adam 优化函数
opt_gen = optim.Adam([{'params': [param for name, param in gen.named_parameters()
if 'map' not in name]}, {'params': gen.map.parameters(), 'lr': 1e-5}], lr=LR,
betas=(BETA1, BETA2))
opt_disc = optim.Adam(disc.parameters(), lr=LR, betas=(BETA1, BETA2))
```

最后迭代训练 StyleGAN，如代码 6.18 所示。它使用两重循环，其中外层循环用于迭代指定的渐进式增长次数，内层循环用于迭代每一次增长需要训练的轮次。

代码6.18　迭代训练

```
print("开始训练! ")
gen.train()
disc.train()
# 从 4×4 开始，每次分辨率增大一倍
step = int(np.log2(START_TRAIN_IMG_SIZE / 4))
for num_epochs in PROGRESSIVE_EPOCHS[step:]:
    alpha = 1e-7
    loader, dataset = data_loader(4 * 2 ** step)
    print(f"当前图像尺寸: {4 * 2 ** step}")

    for epoch in range(num_epochs):
        print(f"轮: [{epoch + 1} / {num_epochs}]")
        alpha = train_gan(disc, gen, loader, dataset, step, alpha, opt_disc, opt_gen)
    save_examples(gen, step)
    step += 1
```

6.3.6　运行结果展示

完整程序请参见 train.py、networks.py、discriminator.py 和 generator.py。

运行训练程序以后，在文件夹 celeba_stylegan_output 中可以找到训练日志文件 log.txt，以及 images_0.png～images_5.png 6 个文件，后者是不同分辨率的输出。图 6.19 展示了低分

辨率的输出，从左到右分别是 4×4、8×8、16×16 和 32×32 的图像。

图 6.19　低分辨率的输出图像

图 6.20 所示是 64×64 的输出图像。

图 6.20　64×64 的输出图像

图 6.21 所示是 128×128 的输出。可以看到，StyleGAN 生成人像的质量非常高。

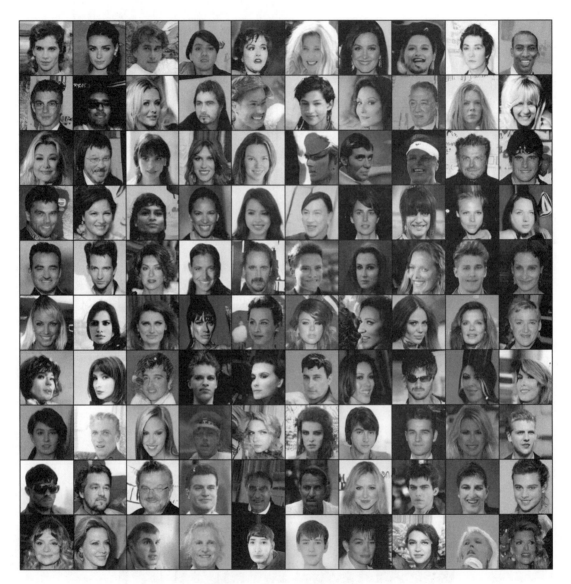

图 6.21　128×128 的输出图像

习　题

6.1　浏览网页 https://nvlabs.github.io/stylegan2/versions.html，了解 StyleGAN 各个版本的基本情况。

6.2　阅读论文 *A Style-Based Generator Architecture for Generative Adversarial Networks*，了解 StyleGAN 技术细节。

6.3　阅读论文 *Progressive Growing Of GANs For Improved Quality, Stability, And Variation*，了解 ProGAN 的渐进式增长技术细节。

6.4　运行 PyTorch 实现代码，生成人脸。

6.5　阅读 PyTorch 实现代码，了解每一项功能的实现。

6.6　修改 PyTorch 实现代码，使用更高分辨率的数据集，如 CelebA-HQ，生成更高分辨率的图像。

6.7　修改 PyTorch 实现代码，增加样式混合和随机噪声功能。

第 7 章

Pix2Pix

本章讲述另一种基于标签的图像生成——使用像素标记来执行图像转换，深入讨论如何利用像素级标签信息并使用 Pix2Pix 架构来完成图像转换任务。

本章首先讲述匹配图像转换的概念，然后讲述 Pix2Pix 的基本原理，包括 PatchGAN、U-Net等，最后使用 PyTorch 编程实现 Pix2Pix。

7.1 匹配图像转换

GAN 不仅能生成数据，还可以进行图像转换，这是通过改变样式，从而将一张图像转换为另一张图像的任务。图像转换的应用非常广泛，例如，图 7.1 是将卫星遥感图像的样式转换为地图道路，反之亦然。

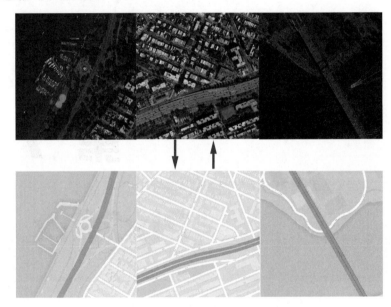

图 7.1　卫星遥感图像与地图道路的相互转换

下面将介绍什么是匹配图像转换，并介绍不同类型的图像转换以及一些转换任务的示例。

首先，图像转换就是对一张图像应用变换来获得不同风格的另一张图像，例如将黑白图像变成彩色图像。在某种程度上说，图像转换实际上是一种条件生成，但它对一张图像的内容进行条件约束，例如，使用黑白图像来创建彩色图像，本质上就是对黑白图像施加条件约束，得到对应的彩色风格的图像。

另一个图像转换任务的例子是图像分割，比如，将一张街道图像分割为道路、汽车、行人、人行道、树木等。这是将真实照片划分为多个区域，标记为不同物体或类别，也就是从原域转换到目标域。当然，将经过图像分割后的蒙版转换为真实街道图像也是相同道理。因此，将图像转换任务扩展为视频转换任务时，只不过是将视频的帧转换到另一个视频的帧上，本质上还是图像转换，只是变成很多张图像，也就是很多帧。

其他还有一些图像转换任务的例子，如将白天的照片转换为夜晚的照片，以及将边缘转换为照片。有了照片以后，可使用边缘检测算法得到边缘，就可以创建配对的训练数据集。经过训练后，就可以将新画的边缘转换为看起来很真实的照片。

上述图像转换都是匹配图像转换，也就是必须将输入和输出配对。对于训练数据集，每个样本的输入图像都必须有对应的输出图像，输出图像包含对应的输入图像的内容，但具有不同的风格，因此是一一映射，基本上要完成的工作就是对输入施加条件限制以获得输出图像。Pix2Pix 面对的就是匹配图像转换任务，如图 7.2 所示。这些图像都是配对的，在每一对图像中都可以分辨出物体的配对关系。要注意的是，facade 数据中的建筑和彩色的蝴蝶图像并不是可以从分割蒙版或黑白照片中生成的唯一的图像。可以想象，从蒙版中可以生成不止一张对应的建筑图，从黑白图像中也可以生成不止一张蝴蝶的配色图。因此，配对的输出图像不一定唯一，而只是多种可能性中的一种。

图 7.2　Pix2Pix 面对的图像转换任务[①]

总之，图像转换是一个将图像转换为不同风格图像的条件生成框架，它接收图像并将其转换为不同风格的图像，但保持其内容。因为 GAN 非常擅长生成逼真的图像，所以它非常适合完成这种图像转换任务。

7.2　Pix2Pix 基本原理

Pix2Pix 是一种能够进行匹配(或成对)的图像转换的条件 GAN，下面介绍 Pix2Pix 的概念及其独特的生成器和判别器设计。

---

① 来源：https://phillipi.github.io/pix2pix/images/teaser_v3.png

7.2.1 Pix2Pix 的概念

图像转换的英文是 Image-to-Image Translation，后来有了 Pix-to-Pix(像素到像素)的说法，其中的 pix 指像素，用数字"2"替换同音的"to"一词，就变成 Pix2Pix。Pix2Pix 来自加州大学伯克利分校的伯克利人工智能研究实验室的一篇论文，论文名称为 *Image-to-Image Translation with Conditional Adversarial Networks*[①]，作者为 Phillip Isola 等人。Pix2Pix 能成功地使用一种条件 GAN 来执行匹配图像转换，该转换可以对输入图像进行条件设置，且有一个匹配的直接输出。

既然 Pix2Pix 是一种条件 GAN，那么就首先回顾一下条件 GAN 的概念。条件 GAN 会接收一个表示类别的向量用以生成该类的图像。例如，除噪声向量外，图 7.3 还输入一个表示猫的类别向量的独热编码，生成器就知道要生成一只猫作为输出。当然，该类别向量也要输入到判别器，让判别器知道生成器输出的应该是一只猫，以便比对。

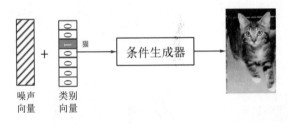

噪声　类别
向量　向量

图 7.3　条件 GAN 的生成器

Pix2Pix 与一般的条件 GAN 类似，但它不是输入一个类别向量，而是输入一张完整的图像。例如，该输入图像可以是建筑物的分割图(蒙版)，如图 7.4 所示，输出是一张真实的建筑物图像。建筑分割图会使用不同颜色表示建筑的不同对象，蓝色方块表示窗户，绿色方块表示阳台，深蓝色区域表示建筑外观，等等。此处删除了条件 GAN 要输入的噪声向量，这是因为作者发现噪声向量对生成器的输出没有多大影响。通常，噪声向量会使生成器产生多样性的输出，但就生成的输出外观而言，噪声向量实际上并没有多大作用，这可能是因为生成器试图生成一张配对的输出图像。可以使用 Dropout 为网络添加一些随机性，而没有必要使用噪声向量。

现在已经知道生成器的样子，Pix2Pix 判别器也需要真实输入，该输入是一张建筑分割图，作为输入到判别器的条件。然后该条件输入会与目标输出相连接(目标输出可以是转换

---

① 来源：https://arxiv.org/pdf/1611.07004.pdf

为分割图的真实建筑图，也可以是生成器生成的虚假建筑图)，然后判别器判断输入的建筑图是否真实，只不过这里判别器输出的真假判断不是一个标量，而是一个分类矩阵。判别器所看到的条件与 cGAN 的条件非常相似，只不过 cGAN 看到的是猫的类别向量，Pix2Pix 判别器看到的是整张分割图。Pix2Pix 判别器的输入与输出如图 7.5 所示。

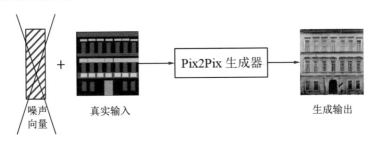

图 7.4　Pix2Pix 生成器

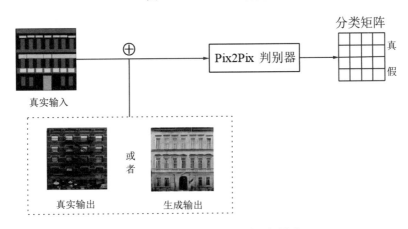

图 7.5　Pix2Pix 判别器的输入与输出

除了不使用噪声向量，并且将类别向量替换为真实输入外，Pix2Pix 生成器和判别器还在网络结构上都做了一些优化升级，如图 7.6 所示。生成器使用 U-Net 结构，其基本结构是块，便于将功能进行分解。生成器的前半部分是编码器(对图像进行编码)，然后是后半部分的解码器，二者之间由一些短路连接(本章将在 7.2.3 小节详细介绍 U-Net 结构)。Pix2Pix 判别器采用 PatchGAN，将整张图像分割为多个小块，它不是仅判断整张图像的真假，而是判断这张图像中的多个不同区域的真假，其优点是判别器能给生成器更多的反馈。

总之，Pix2Pix 的输入和输出类似于条件 GAN，只是输入使用的是整张图像，而不是类别向量，并且配对图像与目标输出是一一匹配的，但不需要输入噪声。另外，生成器和判别器模型做了一些改进，具体参见后文。

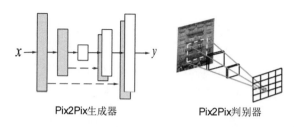

Pix2Pix生成器　　　　　Pix2Pix判别器

图 7.6　Pix2Pix 的生成器和判别器

7.2.2　PatchGAN

Pix2Pix 判别器使用一个名为 PatchGAN 的组件，用于输出一个矩阵全部单元的值，而非单个值。PatchGAN 来自 Ugur Demir 和 Gozde Unal 的论文 *Patch-Based Image Inpainting with Generative Adversarial Networks*[①]。

PatchGAN 输出一个分类矩阵，而不是输出单个标量值。输出矩阵的每个值表示对应的图像块是真实的还是虚假或伪造的概率，每个取值都在 0～1 范围，其中真实标签使用数字 1 表示，虚假标签使用数字 0 表示，如图 7.7 所示。

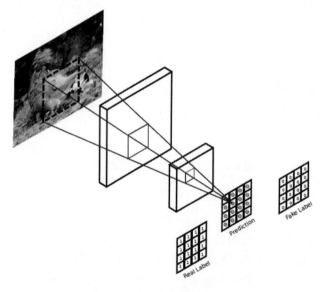

图 7.7　PatchGAN 判别器

和判别器以前输出单个值一样，PatchGAN 对所有小块执行相同的操作。由于每一个

---

① 来源：https://arxiv.org/abs/1803.07422

小块对应矩阵中的某个输出值，因此依靠全部小块在输入图像上"承包"不同的视场，PatchGAN 可对图像的每个小块区域提供反馈。

因为 PatchGAN 输出的是每个小块为真的概率，所以可以使用 BCE 损失进行训练。对于来自生成器的虚假图像，PatchGAN 的目标是输出一个全 0 的矩阵，因此其标签是全 0 的矩阵，意思是这张图像的每个小块都是伪造的。同样，对于来自数据集的真实图像，PatchGAN 的目标是输出一个全 1 的矩阵，表明图像的每个小块都是真实的。

因此，Pix2Pix 判别器输出的是一个矩阵，而不是一个表示真假的单个标量值。其中，0 对应虚假的类别标签，1 对应真实的类别标签。

图 7.8 是 PatchGAN 判别器的实现细节。其中的真实输入与生成器的生成输出或真实输出通过连接运算(concatenation)合成一个形状为 256×256×6 的张量，然后经过一个 Conv+LeakyReLU 块，再经过 3 个 Conv+BN+LeakyReLU 块，最后经过一个 Conv 块，输出为 30×30 的小块(patch)。图中的 k 指卷积核大小(kernel_size)，s 指步长(stride)，p 指填充大小(padding)。

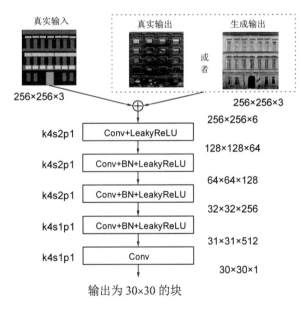

图 7.8　PatchGAN 判别器的实现细节

7.2.3　U-Net

Pix2Pix 的另一个重要组件是 U-Net，生成器基于该组件性能得以提升。U-Net 本质上是一个编码器—解码器模型，在编码器—解码器之间使用短路连接，Pix2Pix 生成器使用 U-Net

结构。

U-Net 是用于图像分割的非常成功的计算机视觉模型，分割是指在一张真实图像上得到一个分割掩码(蒙版)或者说在图像的像素上标注是什么物体的标签。例如，自动驾驶汽车的应用可以标记人行横道、树木、道路、交通标识、行人或车辆，等等。分割是一个图像转换任务，需要正确回答每个像素是什么以及每个像素属于哪个类别，因此汽车上的一个像素肯定隶属于这辆汽车，不能将它分割为其他的。但对于图像转换任务来说，没有正确答案，虽然明确看得出是一辆车的图像，但是这辆车是一辆什么车就没有正确答案。U-Net 擅长接收输入图像并将其映射到输出图像，通常仅用于图像分割任务，但这个优点也是图像生成任务所需要的，因此，Pix2Pix 使用 U-Net 作为生成器架构。

传统的 GAN 生成器输入的是一个噪声向量，但 U-Net 生成器输入的却是整张图像，也就是图 7.9 中的 x。生成器要使用更强大的卷积来处理图像输入，其中的 Pix2Pix 生成器是一种编码器—解码器结构。它首先对输入进行编码，接收一张图像，然后将图像信息进行压缩；解码器对压缩信息解码，短路连接使得解码器很容易获得某些细节，这些细节在编码器下采样到解码器的过程中可能会丢失。上述是前向传播过程。

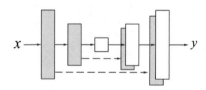

图 7.9　U-Net 结构

在反向传播的时候，短路连接可以改善反向传播的梯度流，因此当过多的层堆叠在一起时，短路连接基本上可以帮助解决梯度消失问题。梯度消失是指反向传播时，梯度变得非常小，这就会限制使用更多的层来加深网络。因此，U-Net 重要的改善就是在反向传播中改善到编码器的梯度流，以便这些层可以从解码器的信息中进行学习。

Pix2Pix 中的 U-Net 如图 7.10 所示。首先，编码器接收一张宽、高为 256×256 的图像 x，有 RGB 三个颜色通道。这里输入的是条件图像，依次流经 8 个编码器块(DownBlock)来压缩输入，每个块使用空间因子 2 进行下采样。因此，第一个编码器块的输出宽高为 256÷2，这样每经过一个编码器块图像的宽高就缩小一半，经过 8 个编码器块以后图像的宽、高像素最终变成 1×1，信息编码的通道数由 3 增加至 512。每个编码器块都包含一个卷积层、一个 BatchNorm 层和一个 LeakyReLU 激活层。这里的卷积通过步长为 2 的高度和宽度使输入的尺寸变得更小。注意，很多卷积步长都是 1，但这里的步长为 2。解码器端有一个 1×1 大小的输入，同样也有 8 个解码器块(UpBlock)。因为要生成与编码器的输入同样大小的输出图像，所以解码器包含与编码器相同数量的块。最后得到的输出 y 是生成的图像，与输入图像的大小相同，为 256×256×3。

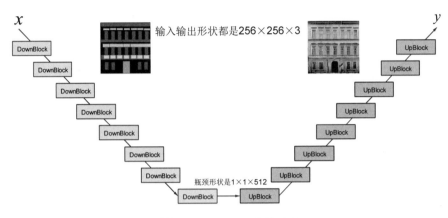

图 7.10　Pix2Pix 中的 U-Net

解码器块的重要部件是转置卷积(反卷积，PyTorch 实现为 nn.ConvTranspose2d 类)，它接收输入并输出更大尺寸的图像，随后接一个 BatchNorm 层，最后是一个 ReLU 激活函数。解码器的前三个块使用 Dropout，在每次训练迭代中，Dropout 随机禁用不同的神经元，使得每次只有部分神经元得到训练，而且相同的神经元并不总是学习相同的东西，这种随机性增加了网络的噪声。注意，Dropout 仅在训练期间启用，在推理或测试期间就会关闭，并且在推理或测试时神经元也要根据 Dropout 概率进行缩放，以保持所期望的相同分布。也就是说，Dropout 仅在训练期间将随机性渗透到模型中，但在推理过程中是不会看到这种随机性的。

完整的编码器—解码器结构是对称的，编码器接收 256×256×3 的图像输入，解码器输出相同大小的生成图像。输入信息通过中间大小为 1×1×512 的瓶颈，可以把这个很小的空间大小理解为对输入图像的压缩编码。可以将编码器想象为编码器的逆操作，因此两者包含相同数量的 8 个块。

可以认为 U-Net 是编码器—解码器框架的一个变体，其中来自每个级别编码器块的编码，都以相同的分辨率传递给相同级别的解码器块。U-Net 通过连接运算(concatenation)将编码器信息集成到解码器中，U-Net 的短路连接如图 7.11 所示。

总之，Pix2Pix 使用 U-Net 作为生成器，作为一个编码器—解码器框架；使用短路连接来连接相同的分辨率或相同级别的块，将特征从编码器映射到解码器，有助于解码器直接从编码器学习，防止在编码阶段丢失更精细的细节。短路连接也有助于反向传播，可以帮助将更多梯度从解码器流回到编码器。

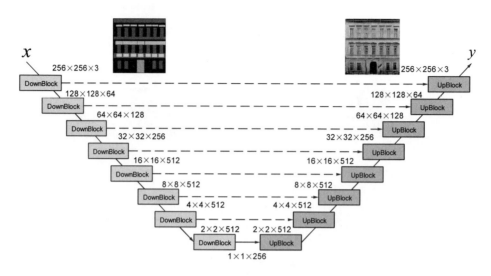

图 7.11　U-Net 的短路连接

7.2.4　损失函数

本小节讨论 Pix2Pix 的损失函数，首先回顾正则化以及额外损失项的意义，然后讨论 Pix2Pix 使用的像素损失项(pixel loss term)的细节。该损失项会衡量生成的输出图像和真实的配对输出图像之间的距离，是 Pix2Pix 生成器的一个重要的额外损失项。

GAN 的主要损失可以表述为对抗性损失，它可能是 BCE 损失或 Wasserstein 损失；此外，还可以添加额外的损失项，如 L1 正则化项或梯度惩罚(gradient penalty)项，所以可以添加一个权重 λ 项来对额外损失进行加权。

对抗性损失是 GAN 的主要优化目标。假定条件 GAN(cGAN)从输入图像 x 和随机噪声向量 z 中学习转换到输出图像 y 的映射，即 $G : \{x, z\} \to y$，且 G 表示生成器，D 表示判别器。cGAN 的优化目标可表示为如下公式：

$$\mathcal{L}_{\text{cGAN}}(G, D) = \mathbb{E}_{x,y}[\log D(x, y)] + \mathbb{E}_{x,z}[\log(1 - D(x, G(x, z)))] \tag{7.1}$$

Pix2Pix 可以在对抗性损失上添加额外的像素损失项，这能给生成器更多有关真实目标图像的信息，因此应该尝试更多地与之匹配。Pix2Pix 生成器的优化目标如下：

$$\arg\min_{G}\max_{D} \text{对抗性损失} + \lambda \times \text{像素损失项} \tag{7.2}$$

其中，λ 为权重超参数。

上式最后一项像素损失项也称为像素距离，是生成器生成的输出与真实的目标输出之差，也就是计算两者之间的像素差异，试图使得生成的输出尽可能接近真实的输出。因此，像素距离小就意味着两张图像几乎完全相同；反之，则意味着它们之间相距甚远，也就是生成图像的真实感较差。因此，像素距离损失在实现真实感方面很有帮助，即生成图像更接近真实。

更正式地，可以说像素距离是在多个不同的样本和样本之间寻找，并查看生成图像和真实图像之间的差异，确切地说，就是两者之间的 L1 距离或像素距离。

Pix2Pix 的像素损失项使用 L1 距离，而不是 L2 距离，这是因为 Pix2Pix 作者认定如果最小化预测像素和真实像素之间的欧氏距离，将倾向于产生模糊的结果，而使用 L1 距离能够减少图像模糊。公式如下：

$$\mathcal{L}_{L1}(G) = \mathbb{E}_{x,y,z}[\|\, y - G(x,z)\,\|_1] \tag{7.3}$$

Pix2Pix 生成器的全部损失就是对抗性损失加上像素距离损失。Pix2Pix 生成器的最终优化目标如下：

$$G^* = \arg\min_G \max_D \mathcal{L}_{cGAN}(G,D) + \lambda \mathcal{L}_{L1}(G) \tag{7.4}$$

总之，Pix2Pix 让生成器向损失函数添加像素距离作为额外损失项，像素距离也就是 L1 距离，表示真实目标输出与生成目标输出之间的像素差值。这会迫使生成器伪造与真实图像相似的图像，有助于学习不同域之间的映射，以完成域间的图像转换任务。

7.2.5 Pix2Pix 完整框架

下面介绍 Pix2Pix 的完整框架。框架将 Pix2Pix 各个组件组装在一起，包括 U-Net 生成器、PatchGAN 判别器和包含额外像素距离损失在内的损失函数。

还是以输入建筑物分割图，输出真实建筑物图像为例。首先要有一个真实建筑的数据集并对其进行分割，然后得到建筑物分割图和与之对应的真实图像输出。图像转换任务是希望能够再次从分割图中生成逼真的外观建筑图并能匹配分割图里的所有特征。当然，经过训练之后，可以绘制自己的分割图并输入到 GAN，GAN 将生成一张对应的逼真建筑图，能完成此任务 Pix2Pix 如图 7.12 所示。U-Net 生成器接收真实的分割图输入，并生成对应的建筑图输出，然后将图像按照通道维度与原始真实分割图相连接(这里的分割图用于匹配输入图像的条件)。连接后的图像进入 Pix2Pix 判别器，它是一个输出多个值的分类矩阵的 PatchGAN 判别器，该矩阵的取值范围是 0～1，可以判断图像的不同区域的真假。

将生成输出与真实输入相连接以后输入到判别器网络中，将其输出与虚假标签矩阵进行比较可计算出判别器的损失。虚假标签矩阵是一个全 0 的矩阵，如果判别器对图像的每个小块都判别为 0，也就是判别为假，那么判别器判断正确，如图 7.13 所示。

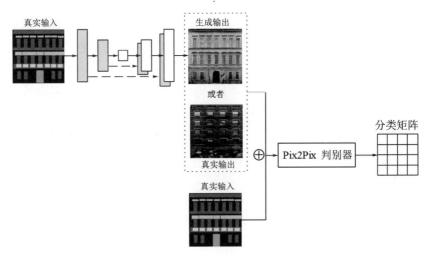

图 7.12 Pix2Pix 框架

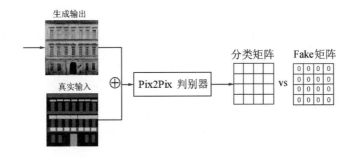

图 7.13 判别器判别生成图像的损失

对于真实的建筑图像，同样将两张输入图像沿着通道维度相连接，然后输入到判别器网络，判别器得到一个输出，最后将该输出与真实标签 1 做比较，期望它的预测尽可能接近分类矩阵中的全部 1 标签，如图 7.14 所示。判别器的损失函数就是上述两项损失之和。

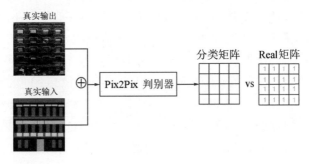

图 7.14 判别器判别真实图像的损失

生成器的损失计算要容易一些,将真实图像输入到生成器,得到生成输出,然后与真实输入相连接以后输入到判别器中,将判别器输出的分类矩阵与真实标签矩阵进行比较后可计算出生成器的损失。真实矩阵是一个全 1 的矩阵,如果判别器对图像的每个小块都判别为 1,也就是判别为真实,那就是期望的判断,因为生成器希望判别器认定其生成图像的每个小块看起来都很真实。在这两个矩阵之间只使用 BCE 损失,生成器还需要加上一个像素距离损失项,后者需要乘以一个权重 λ,以衡量其生成输出与实际目标输出的差异,两项一起构成生成器的损失函数。

总之,Pix2Pix 生成器使用 U-Net 结构,从而将一张图像转换为另一场景的图像,如图 7.15 所示。Pix2Pix 判别器使用 PatchGAN 来输出一个分类矩阵,其生成器损失还要使用额外的像素距离损失项,这有助于利用在训练期间的数据集以生成更加真实的图像。

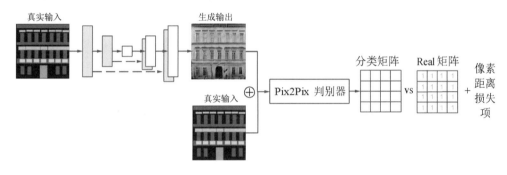

图 7.15 生成器损失

7.3 Pix2Pix 编程实现

Pix2Pix 项目网址为 https://phillipi.github.io/pix2pix/,作者推荐的 Pix2Pix 实现代码的网址为 https://github.com/junyanz/pytorch-CycleGAN-and-pix2pix。由于原项目代码所涉及的功能较多,且将 Pix2Pix 与 CycleGAN 的功能混杂在一起,代码较为复杂,不利于初学者阅读和学习,所以本节将 Pix2Pix 的核心功能独立出来,为便于学习做了一些修改。

7.3.1 加载数据集

Pix2Pix 包含的数据集较多,可参考第 1 章常用数据集介绍。图 7.16 是 facades 数据集的一张图片,图像的宽、高为 512×256,分为相同大小的左右两部分,左边是建筑图像输入,右边是建筑分割图(蒙版)。因此,加载数据集要完成的工作分为两个步骤:一是将图像的左右两部分分开，二是对图像进行变换。

图7.16　Pix2Pix 图像格式

首先看代码 7.1 的图像变换，这里使用 albumentations 数据增强工具，该工具的主要特点就是运行速度快，且容易与 PyTorch 集成。由于 Pix2Pix 图像包含图像输入和蒙版两个部分，因此使用了两个组合变换(Compose)，分别是输入需要的图像变换和蒙版需要的图像变换。此外，主要完成调整图像尺寸(Resize)、颜色抖动(ColorJitter)、规范化(Normalize)和转换为张量(ToTensorV2)的功能。

代码 7.1 　图像变换

```
IMAGE_SIZE = 256
RESIZE_TO = 256

# 输入的图像变换
transform_input = A.Compose(
    [
        A.Resize(width=RESIZE_TO, height=RESIZE_TO, always_apply=True),
        A.ColorJitter(p=0.2),
        A.Normalize(mean=[0.5, 0.5, 0.5], std=[0.5, 0.5, 0.5],
                max_pixel_value=255.0, ), ToTensorV2(),
    ]
)

# 蒙版的图像变换
transform_mask = A.Compose(
    [
        A.Resize(width=RESIZE_TO, height=RESIZE_TO, always_apply=True),
        A.Normalize(mean=[0.5, 0.5, 0.5], std=[0.5, 0.5, 0.5],
                max_pixel_value=255.0, ), ToTensorV2(),
    ]
)
```

代码 7.2 是继承 torch.utils.data.Dataset 的数据集类，核心功能编写在 __getitem__()方法

中，它首先利用 Numpy 数组的切片操作将图像的左右两部分分开，然后进行相应的图像变换。由于 Pix2Pix 数据集较多，有的数据集输入图像在左边而蒙版在右边，有的数据集刚好相反，因此使用参数 switch_xy 可控制输入与蒙版是否要进行交换。

代码 7.2　数据集类

```python
class ImgDataset(Dataset):
    """ 将 Pix2Pix 数据集图像文件的左右两部分分开，构成数据集样本 """

    def __init__(self, root_dir, img_width=IMAGE_SIZE, switch_xy=False):
        self.root_dir = root_dir
        self.img_width = img_width
        self.switch_xy = switch_xy
        self.list_files = os.listdir(self.root_dir)

    def __len__(self):
        return len(self.list_files)

    def __getitem__(self, index):
        img_file = self.list_files[index]
        img_path = os.path.join(self.root_dir, img_file)
        img = np.asarray(Image.open(img_path))
        # 将图像的左右两部分分开
        input_img = img[:, self.img_width:, :]
        target_img = img[:, : self.img_width, :]
        if self.switch_xy:
            input_img, target_img = target_img, input_img

        input_img = transform_input(image=input_img)["image"]
        target_img = transform_mask(image=target_img)["image"]

        return input_img, target_img
```

7.3.2　判别器

Pix2Pix 判别器类首先定义一个 CNNBlock 类。该类继承 nn.Module，是为了代码复用而编写的判别器 CNN 网络块，该块由 Conv+BN+LeakyReLU 构成；然后定义一个同样继承 nn.Module 的 Discriminator 类；在前向传播方法 forward() 中，首先将真实输入 x 和生成器的真实输出或生成输出 y 进行连接操作，然后由 initial 层对上一层的处理结果进行 Conv+LeakyReLU 变换，紧接 3 个 CNNBlock 层，最后一层只使用 Conv 进行变换，最终生成 30×30 的小块，如代码 7.3 所示。

判别器类

```python
class CNNBlock(nn.Module):
    """ 判别器 CNN 块 """
    def __init__(self, in_channels, out_channels, stride):
        super(CNNBlock, self).__init__()
        self.cnn_block = nn.Sequential(
            nn.Conv2d(in_channels, out_channels, 4, stride, 1, bias=False,
                    padding_mode="reflect"),
            nn.BatchNorm2d(out_channels),
            nn.LeakyReLU(0.2),
        )

    def forward(self, x):
        return self.cnn_block(x)


class Discriminator(nn.Module):
    """ 判别器类 """
    def __init__(self, in_channels=3, features=None):
        super().__init__()
        if features is None:
            features = [64, 128, 256, 512]
        self.initial = nn.Sequential(
            nn.Conv2d(in_channels * 2, features[0], kernel_size=4, stride=2,
                    padding=1, padding_mode="reflect"),
            nn.LeakyReLU(0.2),
        )

        layers = []
        in_channels = features[0]
        for feature in features[1:]:
            layers.append(CNNBlock(in_channels, feature, stride=1 if feature ==
                    features[-1] else 2))
            in_channels = feature

        layers.append(nn.Conv2d(in_channels, 1, kernel_size=4, stride=1,
                    padding=1, padding_mode="reflect"))

        self.model = nn.Sequential(*layers)

    def forward(self, x, y):
        x = torch.cat([x, y], dim=1)
        x = self.initial(x)
        x = self.model(x)
        return x
```

运行结果如下。读者可对照图 7.8 了解各层的实现细节。

```
Discriminator(
  (initial): Sequential(
    (0): Conv2d(6, 64, kernel_size=(4, 4), stride=(2, 2), padding=(1, 1),
padding_mode=reflect)
    (1): LeakyReLU(negative_slope=0.2)
  )
  (model): Sequential(
    (0): CNNBlock(
      (cnn_block): Sequential(
        (0): Conv2d(64, 128, kernel_size=(4, 4), stride=(2, 2), padding=(1, 1),
bias=False, padding_mode=reflect)
        (1): BatchNorm2d(128, eps=1e-05, momentum=0.1, affine=True,
track_running_stats=True)
        (2): LeakyReLU(negative_slope=0.2)
      )
    )
    (1): CNNBlock(
      (cnn_block): Sequential(
        (0): Conv2d(128, 256, kernel_size=(4, 4), stride=(2, 2), padding=(1, 1),
bias=False, padding_mode=reflect)
        (1): BatchNorm2d(256, eps=1e-05, momentum=0.1, affine=True,
track_running_stats=True)
        (2): LeakyReLU(negative_slope=0.2)
      )
    )
    (2): CNNBlock(
      (cnn_block): Sequential(
        (0): Conv2d(256, 512, kernel_size=(4, 4), stride=(1, 1), padding=(1, 1),
bias=False, padding_mode=reflect)
        (1): BatchNorm2d(512, eps=1e-05, momentum=0.1, affine=True,
track_running_stats=True)
        (2): LeakyReLU(negative_slope=0.2)
      )
    )
    (3): Conv2d(512, 1, kernel_size=(4, 4), stride=(1, 1), padding=(1, 1),
padding_mode=reflect)
  )
)
torch.Size([1, 1, 30, 30])
```

7.3.3 生成器

Pix2Pix 生成器实现一个 U-Net。为了代码复用，代码 7.4 实现下采样和上采样块，下采样块由 Conv + BN + LeakyReLU 构成，上采样块由 ConvTranspose + BN + ReLU 构成。由于部分上采样块使用 Dropout，因此设置 use_dropout 参数，以便根据要求来决定是否使用 Dropout 层。

代码 7.4　　下采样和上采样块

```python
class DownBlock(nn.Module):
    """ U-Net 下采样块 """
    def __init__(self, in_channels, out_channels):
        super(DownBlock, self).__init__()
        self.down = nn.Sequential(
            nn.Conv2d(in_channels, out_channels, 4, 2, 1, bias=False,
                    padding_mode="reflect"),
            nn.BatchNorm2d(out_channels),
            nn.LeakyReLU(0.2),
        )

    def forward(self, x):
        x = self.down(x)
        return x


class UpBlock(nn.Module):
    """ U-Net 上采样块 """
    def __init__(self, in_channels, out_channels, use_dropout=False):
        super(UpBlock, self).__init__()
        self.up = nn.Sequential(
            nn.ConvTranspose2d(in_channels, out_channels, 4, 2, 1, bias=False),
            nn.BatchNorm2d(out_channels),
            nn.ReLU(),
        )

        if use_dropout:
            self.dropout = nn.Dropout(0.5)

    def forward(self, x):
        x = self.up(x)
        if hasattr(self, "dropout"):
            x = self.dropout(x)
        return x
```

Pix2Pix 生成器类 Generator 继承 nn.Module，其中，第一块 initial_down 只使用 Conv + LeakyReLU，随后 6 块都使用 DownBlock，瓶颈块 bottleneck 只使用 Conv+ ReLU，然后使用 7 块 UpBlock，最后一块 final_up 只使用 ConvTranspose+ Tanh，因此输出数据为[-1, +1] 范围的实数，如代码 7.5 所示。

代码 7.5　生成器类

```python
class Generator(nn.Module):
    """ 生成器类 """
    def __init__(self, in_channels=3, features=64):
        super().__init__()
        self.initial_down = nn.Sequential(
            nn.Conv2d(in_channels, features, 4, 2, 1, padding_mode="reflect"),
            nn.LeakyReLU(0.2),
        )
        self.down1 = DownBlock(features, features * 2)
        self.down2 = DownBlock(features * 2, features * 4)
        self.down3 = DownBlock(features * 4, features * 8)
        self.down4 = DownBlock(features * 8, features * 8)
        self.down5 = DownBlock(features * 8, features * 8)
        self.down6 = DownBlock(features * 8, features * 8)
        self.bottleneck = nn.Sequential(
            nn.Conv2d(features * 8, features * 8, 4, 2, 1),
            nn.ReLU(),
        )

        self.up1 = UpBlock(features * 8, features * 8, use_dropout=True)
        self.up2 = UpBlock(features * 8 * 2, features * 8, use_dropout=True)
        self.up3 = UpBlock(features * 8 * 2, features * 8, use_dropout=True)
        self.up4 = UpBlock(features * 8 * 2, features * 8, use_dropout=False)
        self.up5 = UpBlock(features * 8 * 2, features * 4, use_dropout=False)
        self.up6 = UpBlock(features * 4 * 2, features * 2, use_dropout=False)
        self.up7 = UpBlock(features * 2 * 2, features, use_dropout=False)
        self.final_up = nn.Sequential(
            nn.ConvTranspose2d(features * 2, in_channels, kernel_size=4,
                               stride=2, padding=1),
            nn.Tanh(),
        )

    def forward(self, x):
        d1 = self.initial_down(x)
        d2 = self.down1(d1)
        d3 = self.down2(d2)
        d4 = self.down3(d3)
        d5 = self.down4(d4)
        d6 = self.down5(d5)
        d7 = self.down6(d6)
        bottleneck = self.bottleneck(d7)
        up1 = self.up1(bottleneck)
        up2 = self.up2(torch.cat([up1, d7], 1))
        up3 = self.up3(torch.cat([up2, d6], 1))
        up4 = self.up4(torch.cat([up3, d5], 1))
```

```
        up5 = self.up5(torch.cat([up4, d4], 1))
        up6 = self.up6(torch.cat([up5, d3], 1))
        up7 = self.up7(torch.cat([up6, d2], 1))
        up8 = self.final_up(torch.cat([up7, d1], 1))
        return up8
```

运行结果如下。读者可自行将输出结果与图7.11对照了解各层的实现细节。

```
Generator(
  (initial_down): Sequential(
    (0): Conv2d(3, 64, kernel_size=(4, 4), stride=(2, 2), padding=(1, 1),
padding_mode=reflect)
    (1): LeakyReLU(negative_slope=0.2)
  )
  (down1): DownBlock(
    (down): Sequential(
      (0): Conv2d(64, 128, kernel_size=(4, 4), stride=(2, 2), padding=(1, 1),
bias=False, padding_mode=reflect)
      (1): BatchNorm2d(128, eps=1e-05, momentum=0.1, affine=True,
track_running_stats=True)
      (2): LeakyReLU(negative_slope=0.2)
    )
  )
  (down2): DownBlock(
    (down): Sequential(
      (0): Conv2d(128, 256, kernel_size=(4, 4), stride=(2, 2), padding=(1, 1),
bias=False, padding_mode=reflect)
      (1): BatchNorm2d(256, eps=1e-05, momentum=0.1, affine=True,
track_running_stats=True)
      (2): LeakyReLU(negative_slope=0.2)
    )
  )
  (down3): DownBlock(
    (down): Sequential(
      (0): Conv2d(256, 512, kernel_size=(4, 4), stride=(2, 2), padding=(1, 1),
bias=False, padding_mode=reflect)
      (1): BatchNorm2d(512, eps=1e-05, momentum=0.1, affine=True,
track_running_stats=True)
      (2): LeakyReLU(negative_slope=0.2)
    )
  )
  (down4): DownBlock(
    (down): Sequential(
      (0): Conv2d(512, 512, kernel_size=(4, 4), stride=(2, 2), padding=(1, 1),
bias=False, padding_mode=reflect)
      (1): BatchNorm2d(512, eps=1e-05, momentum=0.1, affine=True,
track_running_stats=True)
      (2): LeakyReLU(negative_slope=0.2)
```

```
    )
  )
  (down5): DownBlock(
    (down): Sequential(
      (0): Conv2d(512, 512, kernel_size=(4, 4), stride=(2, 2), padding=(1, 1),
bias=False, padding_mode=reflect)
      (1): BatchNorm2d(512, eps=1e-05, momentum=0.1, affine=True,
track_running_stats=True)
      (2): LeakyReLU(negative_slope=0.2)
    )
  )
  (down6): DownBlock(
    (down): Sequential(
      (0): Conv2d(512, 512, kernel_size=(4, 4), stride=(2, 2), padding=(1, 1),
bias=False, padding_mode=reflect)
      (1): BatchNorm2d(512, eps=1e-05, momentum=0.1, affine=True,
track_running_stats=True)
      (2): LeakyReLU(negative_slope=0.2)
    )
  )
  (bottleneck): Sequential(
    (0): Conv2d(512, 512, kernel_size=(4, 4), stride=(2, 2), padding=(1, 1))
    (1): ReLU()
  )
  (up1): UpBlock(
    (up): Sequential(
      (0): ConvTranspose2d(512, 512, kernel_size=(4, 4), stride=(2, 2),
padding=(1, 1), bias=False)
      (1): BatchNorm2d(512, eps=1e-05, momentum=0.1, affine=True,
track_running_stats=True)
      (2): ReLU()
    )
    (dropout): Dropout(p=0.5, inplace=False)
  )
  (up2): UpBlock(
    (up): Sequential(
      (0): ConvTranspose2d(1024, 512, kernel_size=(4, 4), stride=(2, 2),
padding=(1, 1), bias=False)
      (1): BatchNorm2d(512, eps=1e-05, momentum=0.1, affine=True,
track_running_stats=True)
      (2): ReLU()
    )
    (dropout): Dropout(p=0.5, inplace=False)
  )
  (up3): UpBlock(
    (up): Sequential(
      (0): ConvTranspose2d(1024, 512, kernel_size=(4, 4), stride=(2, 2),
padding=(1, 1), bias=False)
```

```
      (1): BatchNorm2d(512, eps=1e-05, momentum=0.1, affine=True,
track_running_stats=True)
      (2): ReLU()
    )
    (dropout): Dropout(p=0.5, inplace=False)
  )
  (up4): UpBlock(
    (up): Sequential(
      (0): ConvTranspose2d(1024, 512, kernel_size=(4, 4), stride=(2, 2),
padding=(1, 1), bias=False)
      (1): BatchNorm2d(512, eps=1e-05, momentum=0.1, affine=True,
track_running_stats=True)
      (2): ReLU()
    )
  )
  (up5): UpBlock(
    (up): Sequential(
      (0): ConvTranspose2d(1024, 256, kernel_size=(4, 4), stride=(2, 2),
padding=(1, 1), bias=False)
      (1): BatchNorm2d(256, eps=1e-05, momentum=0.1, affine=True,
track_running_stats=True)
      (2): ReLU()
    )
  )
  (up6): UpBlock(
    (up): Sequential(
      (0): ConvTranspose2d(512, 128, kernel_size=(4, 4), stride=(2, 2),
padding=(1, 1), bias=False)
      (1): BatchNorm2d(128, eps=1e-05, momentum=0.1, affine=True,
track_running_stats=True)
      (2): ReLU()
    )
  )
  (up7): UpBlock(
    (up): Sequential(
      (0): ConvTranspose2d(256, 64, kernel_size=(4, 4), stride=(2, 2),
padding=(1, 1), bias=False)
      (1): BatchNorm2d(64, eps=1e-05, momentum=0.1, affine=True,
track_running_stats=True)
      (2): ReLU()
    )
  )
  (final_up): Sequential(
    (0): ConvTranspose2d(128, 3, kernel_size=(4, 4), stride=(2, 2), padding=(1, 1))
    (1): Tanh()
  )
)
torch.Size([1, 3, 256, 256])
```

7.3.4 Pix2Pix 训练

Pix2Pix 的训练支持 FP32 和 FP16 自动混合精度(Automatic Mixed Precision，AMP)运算。自动混合精度是在训练一个数值精度为 FP32 模型的时候，其一部分算子的数值精度为 FP16，其余算子的操作精度是 FP32，而具体哪些算子使用 FP16 还是 FP32，不需要用户关心，AMP 会自动进行安排。这样就可以在不改变模型、不降低模型训练精度的前提下，缩短训练时间，降低存储需求，支持更大的批大小(batch size)、更大的模型和更大尺寸的输入进行训练。

PyTorch 自 1.6 版本以后开始使用 torch.cuda.amp 模块支持 AMP，为用户提供了较为方便的混合精度训练机制。用户不需要自己对模型参数 dtype 进行转换，AMP 会自动为算子选择合适的数值精度。如果反向传播时的 FP16 梯度数值发生溢出，AMP 会提供梯度缩放(scaling)操作，并在优化器更新参数前自动对梯度逆缩放(unscaling)，因此对模型优化的超参数不会产生任何影响。

AMP 通过使用 amp.autocast 和 amp.GradScaler 来实现自动混合精度运算。Autocast 会指定脚本中的代码块按照自动混合精度运算的方式运行。GradScaler 在反向传播前给损失值乘一个缩放因子，因此反向传播得到的梯度都乘以相同的缩放因子；同时，为了不影响学习率，在梯度更新前将梯度值进行逆缩放。具体可参见相关文档。

为了简化，此处将训练一轮的代码全部写到一个函数中，如代码 7.6 所示。在循环体中，首先训练判别器，判别器只有 BCE 损失，因此总损失为真实样本的损失和生成样本损失的均值。然后训练生成器，注意这里只能使用生成样本进行训练，而不能使用真实样本；生成器有 BCE 损失和 L1 损失，因此总损失为两者之和。

代码 7.6 训练函数

```
def train_gan(epoch, disc, gen, loader, opt_disc, opt_gen, l1_loss, bce,
              gen_scaler, disc_scaler):
    """ 训练 Pix2Pix 网络 """
    for idx, (x, y) in enumerate(loader):
        x = x.to(DEVICE)
        y = y.to(DEVICE)

        # 训练判别器
        with autocast():
            y_fake = gen(x)
            disc_real = disc(x, y)
            disc_real_loss = bce(disc_real, torch.ones_like(disc_real))
            disc_fake = disc(x, y_fake.detach())
            disc_fake_loss = bce(disc_fake, torch.zeros_like(disc_fake))
```

```
    # 判别器只有 BCE 损失
    disc_loss = (disc_real_loss + disc_fake_loss) / 2

disc.zero_grad()
disc_scaler.scale(disc_loss).backward()
disc_scaler.step(opt_disc)
disc_scaler.update()

# 训练生成器
with autocast():
    disc_fake = disc(x, y_fake)
    gen_fake_loss = bce(disc_fake, torch.ones_like(disc_fake))
    l1 = l1_loss(y_fake, y) * L1_LAMBDA
    # 生成器有 BCE 损失和 L1 损失
    gen_loss = gen_fake_loss + l1

opt_gen.zero_grad()
gen_scaler.scale(gen_loss).backward()
gen_scaler.step(opt_gen)
gen_scaler.update()

# 输出训练过程性能统计
if idx % PRINT_ITER == 0:
    print(f"轮: {epoch}/{NUM_EPOCHS} 迭代: {idx} D损失: {disc_loss:.4f},
            G损失: {gen_loss:.4f}")
```

在迭代训练前还需要做几项准备工作：首先实例化判别器和生成器，然后实例化两个优化器和两个损失函数，最后训练数据集和验证数据集，如代码 7.7 所示。

代码 7.7 训练前的准备

```
# 实例化判别器和生成器
disc = Discriminator(in_channels=CHANNELS_IMG).to(DEVICE)
gen = Generator(in_channels=CHANNELS_IMG, features=FEATURES).to(DEVICE)
# 实例化两个优化器
opt_disc = optim.Adam(disc.parameters(), lr=LEARNING_RATE, betas=(BETA1, BETA2))
opt_gen = optim.Adam(gen.parameters(), lr=LEARNING_RATE, betas=(BETA1, BETA2))
# 两个损失函数
bce_loss = nn.BCEWithLogitsLoss()
l1_loss = nn.L1Loss()

# 训练数据集
train_dataset = ImgDataset(root_dir=TRAIN_DIR, switch_xy=SWITCH_XY)
train_loader = DataLoader(train_dataset, batch_size=BATCH_SIZE, shuffle=True,
num_workers=NUM_WORKERS)
# 验证数据集
val_dataset = ImgDataset(root_dir=VAL_DIR, switch_xy=SWITCH_XY)
val_loader = DataLoader(val_dataset, batch_size=1, shuffle=False)
```

最后的工作是迭代训练，如代码 7.8 所示。它每隔 LOGS_EPOCHS 轮会保存检查点文件，每一轮都会保存生成的图像样本以便将来完成可视化。

代码 7.8　迭代训练

```
# 训练前实例化 GradScaler 对象
gen_scaler = GradScaler()
disc_scaler = GradScaler()
# 迭代训练
for epoch in range(NUM_EPOCHS):
    train_gan(epoch, disc, gen, train_loader, opt_disc, opt_gen, l1_loss,
bce_loss, gen_scaler, disc_scaler)

    if SAVE_MODEL and epoch % LOGS_EPOCHS == 0:
        utils.save_checkpoint(gen, opt_gen, filename=CHECKPOINT_GEN)
        utils.save_checkpoint(disc, opt_disc, filename=CHECKPOINT_DISC)

    utils.save_examples(gen, val_loader, epoch, folder=OUT_DIR, device=DEVICE)
```

7.3.5　运行结果展示

完整程序请参见 train.py、dataset.py、discriminator.py 和 generator.py，改变 train.py 里的诸如 DATASET 的超参数后运行，可得到图 7.17～图 7.20 所示的运行结果。每张图中自上而下分别是蒙版、真实图像和生成图像。

图 7.17　facades 数据集的结果

图 7.17　facades 数据集的结果(续)

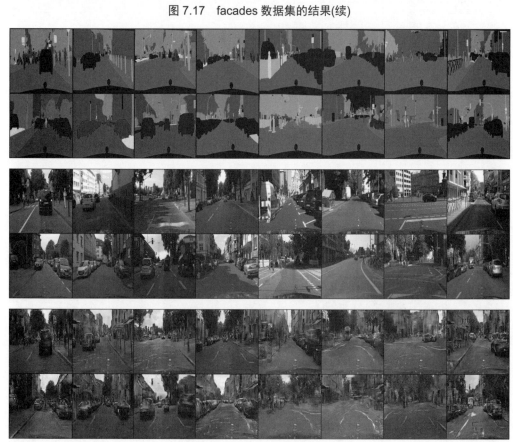

图 7.18　cityscapes 数据集的结果

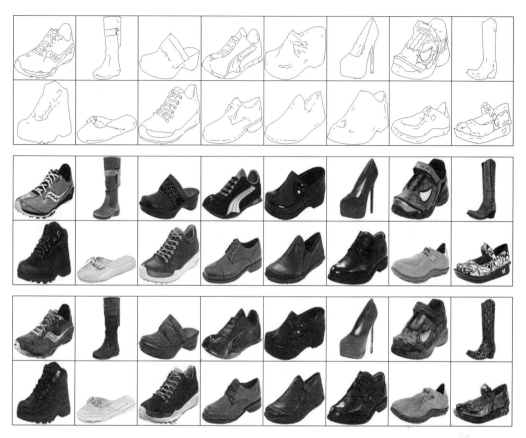

图 7.19　edges2shoes 数据集的结果

可以看出生成图像比真实图像还是有一定差距，这是因为匹配图像转换的输出图像不是唯一的，只是多种输出图像中的一种可能。

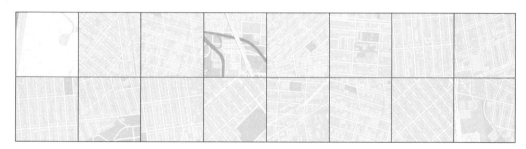

图 7.20　maps 数据集的结果

图 7.20　maps 数据集的结果(续)

7.1　说说什么是图像转换以及什么是匹配图像转换。

7.2　阅读论文 *Image-to-Image Translation with Conditional Adversarial Networks*，了解 Pix2Pix 技术细节。

7.3　阅读论文 *Patch-Based Image Inpainting with Generative Adversarial Networks*，了解 PatchGAN 技术细节。

7.4　U-Net 有什么特点？

7.5　查阅 albumentations 数据增强工具的在线文档，了解该工具如何与 PyTorch 集成。

7.6　阅读 Pix2Pix 实现代码，并与 Pix2Pix 作者推荐的 Pix2Pix 进行代码对照。

7.7　尝试使用更多数据集进行实验，比如 Anime Sketch Colorization Pair(动漫素描配色匹配)数据集，网址为 https://www.kaggle.com/ktaebum/anime-sketch-colorization-pair。更改超参数，看看能否取得更好的实验效果。

第 **8** 章

CycleGAN

CycleGAN 论文由加州大学伯克利分校伯克利 AI 研究(BAIR)实验室的 Jun–Yan Zhu 等人发表，论文标题为 *Unpaired Image–to–Image Translation using Cycle–Consistent Adversarial Networks*，网址为 https://arxiv.org/abs/1703.10593。CycleGAN 主要用于非匹配图像转换任务，它不需要源域和目标域的样本必须匹配或成对，只需要有源域和目标域的图像样本就可以使用，也就是只需要两堆不同风格的图像，其输入可以是来自两个域非匹配(unpaired)的两张图像，GAN 将学习如何找出两堆图像之间的映射，这是论文最有价值的地方。

本章首先讲述非匹配图像转换的概念，然后讲述 CycleGAN 架构，最后以一个 CycleGAN 程序的编码来展示如何使用 PyTorch 框架实现 CycleGAN。

8.1 非匹配图像转换

读者在上一章已经了解了匹配图像的转换，也就是当手头上有匹配的(或成对的)输入输出图片，比如各有一张鞋子的边缘图片和真实照片，由于可以使用边缘检测器，对一张真实的照片进行转换得到对应的边缘图片，就可以很容易地获得配对的数据集。当使用一些算法能够获得成对的训练数据，或者因为某些原因已经有了成对的训练数据时，问题就能很好地解决。但是，未匹配的图像转换就没有那么简单，比如将法国画家莫奈的画作转换成一张真实照片，如图 8.1 所示。

匹配的图像转换　　　　　　　　　非匹配的图像转换

图 8.1　图像转换的概念[①]

若想把一匹马的照片变成一匹斑马的照片，或者转换一幅莫奈的画作，这种图像生成就困难得多，因为可能很难获得匹配的训练数据，也很难获得与莫奈的每一幅画做配对的真实照片，反之亦然，可能根本没有办法得到数千个成对的训练样本。

图 8.2 中图像转换的两个任务的不同点在于，左边的任务有匹配的图像，可以将 x_i 和 y_i 配对，这里的下标 i 可能是 0，1，2，…。但是很显然，不一定总是能够拥有这种匹配的图像，所以就必须面对非匹配的图像转换问题，也就是右边的任务。这时只有两堆不同风格的图像，分别用 x 和 y 来表示。其中一堆可能是真实的照片，另一堆可能是莫奈或塞尚等画家的画作，也可以是一堆冬天的照片和夏天的照片，又或者是一堆马的照片或一堆斑马的照片，但没有一一对应。使用 x 和 y 这两堆照片，我们希望模型能够学习从一堆照片转换到另一堆照片的通用风格元素，并将图像从 x 堆转换到 y 堆，反之亦然。

也许可以将凡·高的画作与塞尚和其他画家画作的照片进行相互转换，如图 8.3 所示。其关键是必须让这幅罂粟田的照片看起来像是莫奈画的，而在莫奈的画作中仍然是罂粟田，也就是必须保留一些内容，只是其风格元素发生变化。因此，本转换任务的关键是：由于

---

① 来源 https://arxiv.org/abs/1703.10593

每一堆照片都有其共性和风格差异，都有其独特之处，需要能够梳理出哪些是共有的元素并予以保留，只将那些独特的元素转换。

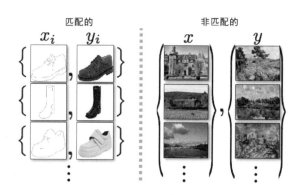

图 8.2　匹配样本与非匹配样本

图 8.3　照片转换为画作

具体来说，图 8.4 有一堆斑马和一堆马的照片，希望从斑马照片中生成的马仍然保持大部分相同的特征，只是去除条纹。网络模型的目标就是学习这些斑马与马之间的映射关系，以期找出那些共同元素和独特元素(通常称共同元素为内容，独特元素为风格)，图像的内容就是这两堆照片的共同元素；样式则通常指这两堆照片之间的区别。这里的内容是斑马或马的一般形状；照片上动物有明显条纹的就是斑马，单一颜色或更少图案的则是马。

图 8.4　斑马转换为马

总之，未匹配的图像转换使用的是不同风格的图片，但图片并不成对。模型是通过保留两堆图片中都呈现的内容，只改变其不同的或独特的风格来学习这两堆图片之间的映射关系。

8.2 CycleGAN 基本原理

本节首先介绍 CycleGAN 要解决的问题，然后介绍 CycleGAN 的结构，包括由两个生成器和两个判别器一共四个组件组成的两个 GAN，以及 CycleGAN 的损失函数，最后介绍如何将上述组件组装为 CycleGAN。

8.2.1 CycleGAN 面临的问题

CycleGAN 论文高度概括了 CycleGAN 亟待解决的问题，如图 8.5 所示。该图左上部为莫奈的画作与真实照片的相互转换，中上部为斑马与马图片的相互转换，右上部为约塞米蒂国家公园的夏季与冬季照片的相互转换，图下部为照片与莫奈、凡·高等人的画作的相互转换。

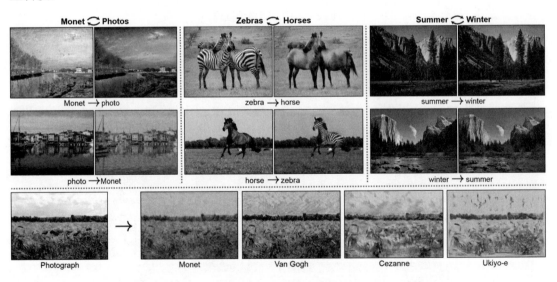

图 8.5 CycleGAN 面对的非匹配图像转换[①]

---

① 来源：https://junyanz.github.io/CycleGAN/images/teaser.jpg

CycleGAN 要解决的问题是非匹配图像转换难题，CycleGAN 名称中的 "Cycle" 表示循环的意思，它在非匹配图像转换中发挥着重要的作用。

非匹配图像转换听起来似乎不太可能实现，因为没有匹配的图像，模型无法知道要生成什么样的照片，也就不可能将斑马照片转换为马的照片，如图 8.6 所示。

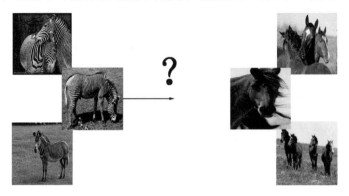

图 8.6 CycleGAN 面临的问题

而 CycleGAN 的巧妙设计让非匹配图像转换得以实现。

8.2.2 两个 GAN

CycleGAN 由两个 GAN 组成，包括两个生成器和两个判别器，一共四个组件，它们相互作用，一起构成 CycleGAN。

以图 8.7 的斑马到马的转换为例，首先有斑马到马的 GAN 网络，表示为 GAN $Z{\rightarrow}H$，然后有马到斑马的 GAN 网络，表示为 GAN $H{\rightarrow}Z$。四个组件中，$Z{\rightarrow}H$ 生成器学习从斑马到马的映射，H 判别器观察所生成的马的图像的逼真程度；另一对组件来自相反方向，即 GAN $H{\rightarrow}Z$，其中，$H{\rightarrow}Z$ 生成器学习从马到斑马的映射，Z 判别器观察所生成的斑马的逼真程度。

先从图 8.8 中的 GAN $Z{\rightarrow}H$ 开始，使用 $Z{\rightarrow}H$ 生成器将斑马图片映射到马。然后，H 判别器从一堆马的图片中观察马的真实图片和马的虚假图片，并判断其真伪。最后的输出不是一个 0～1 范围的标量，而是一个由多个小块组成的 PatchGAN，因此输出的是将图像分解为多个小块的分类矩阵。

图 8.9 中的 GAN $H{\rightarrow}Z$ 原理类似，只是方向变成从马到斑马，因此 Z 判别器专注于判断斑马的真实图片和虚假图片的逼真程度。

由于 CycleGAN 没有成对的真实图像输入，导致没有目标输出，无法得到像素距离损失，只有两堆不同的图像，因此其损失函数会更加复杂。

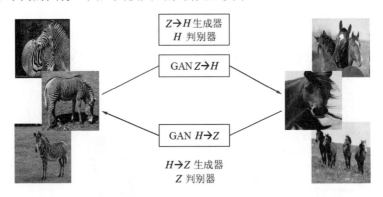

图 8.7　CycleGAN 的四个组件

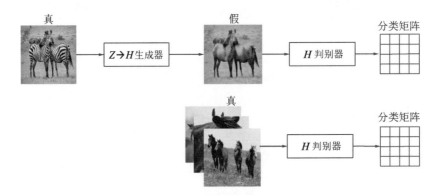

图 8.8　GAN $Z \to H$

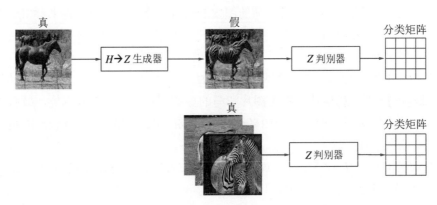

图 8.9　GAN $H \to Z$

8.2.3　CycleGAN 损失函数

为了清晰地描述待解决的问题，不失一般性，假设目标是在给定训练样本 $\{x_i\}_{i=1}^{N}$ 和 $\{y_j\}_{j=1}^{M}$ (其中，$x_i \in X$，且 $y_j \in Y$)的条件下，学习两个域 X 和 Y 之间的映射函数。将数据分布分别表示为 $x \sim p_{\text{data}}(x)$ 和 $y \sim p_{\text{data}}(y)$，CycleGAN 模型包含两个映射 $G: X \to Y$ 和 $F: Y \to X$。此外，还引入两个对抗性判别器 D_X 和 D_Y，前者用于区分图像 $\{x\}$ 和转换图像 $\{F(y)\}$，后者用于区分图像 $\{y\}$ 和转换图像 $\{G(x)\}$。CycleGAN 的目标包含两项损失：对抗性损失 (adversarial loss)和循环一致性损失(cycle consistency loss)，前者用于将生成图像的分布与目标域中的数据分布进行匹配，后者用于防止学习到的映射 G 和 F 之间相互矛盾。另外，还有一个可选的附加损失项——同一性映射损失，用于帮助保持输出中的颜色。

1) 对抗性损失

对抗性损失将应用于两个映射函数中。对于映射函数 $G: X \to Y$ 和判别器 D_Y，对抗性损失可以表述如下：

$$\mathcal{L}_{\text{GAN}}(G, D_Y, X, Y) = \mathbb{E}_{y \sim p_{\text{data}}(y)}[\log D_Y(y)] + \mathbb{E}_{x \sim p_{\text{data}}(x)}[\log(1 - D_Y(G(x)))] \tag{8.1}$$

其中，生成器 G 试图生成与 Y 域的图像相似的图像 $G(x)$，而判别器 D_Y 负责鉴别生成样本 $G(x)$ 和真实样本 y。G 的目标是最小化上述损失，对手 D 则试图最大化该损失，即：$\min_{G} \max_{D_Y} \mathcal{L}_{\text{GAN}}(G, D_Y, X, Y)$。对于映射函数 $F: Y \to X$ 和判别器 D_X，情况类似，即：$\min_{F} \max_{D_X} \mathcal{L}_{\text{GAN}}(F, D_X, Y, X)$。

CycleGAN 作者应用了一些技术来稳定模型的训练过程，其中一项就是 $\mathcal{L}_{\text{GAN}}$ 使用最小二乘损失(least squares loss)来代替负对数似然损失(即 BCE 损失)。最小二乘损失在训练过程中更稳定，比 BCE 损失的饱和度低且不易产生梯度消失问题，因此能够生成更高质量的图像输出。

具体来说，对于对抗性损失 $\mathcal{L}_{\text{GAN}}(G, D, X, Y)$，生成器 G 的训练目标是最小化 $\mathbb{E}_{x \sim p_{\text{data}}(x)}[(D(G(x)) - 1)^2]$。由于生成器希望其虚假输出看起来尽可能真实，从而让判别器产生误判，因此需要用虚假输出与标签 1 之间的距离作为损失函数。而判别器 D 的训练目标是最小化 $\mathbb{E}_{y \sim p_{\text{data}}(y)}[(D(y) - 1)^2] + \mathbb{E}_{x \sim p_{\text{data}}(x)}[D(G(x))^2]$，算式第一项希望判别器 D 将真实图像正确判定为标签 1，第二项希望判别器 D 将虚假图像正确判定为标签 0，这样判别器就不容易产生误判。

2) 循环一致性损失

循环一致性是 CycleGAN 的一个损失项，在 CycleGAN 中形成一个循环，该损失是两个 GAN 损失函数的一个额外损失项。

先看图 8.10 中斑马到马的图像转换。首先，$Z{\rightarrow}H$ 生成器将把斑马的一幅真实图像映射到马的虚假图像，然后 $H{\rightarrow}Z$ 生成器将马图像映射回斑马。由于只有样式的改变，循环一致性损失期望经两次映射后生成的斑马虚假图像看起来与斑马的真实图像一模一样。为了让这两幅图像尽可能接近，这里直接取两幅图像之间的像素距离，并将其添加到损失函数中。这里的斑马就是域 X，马就是域 Y，对于来自域 X 的每张图像 x，图像转换循环应该能够将 x 转回到原始图像，即 $x{\rightarrow}G(x){\rightarrow}F(G(x))\approx x$，这称为前向循环一致性损失(forward cycle consistency)。

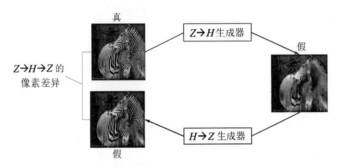

图 8.10　前向循环一致性损失

图 8.11 为相反方向的循环一致性损失，它先将马映射到斑马，然后映射回马，再次计算两者之间的像素距离。也就是说，对于来自域 Y 的每张图像 y，图像转换循环应该能够将 y 转换回到原始图像，即 $y{\rightarrow}F(y){\rightarrow}G(F(y))\approx y$，这称为后向循环一致性损失(backward cycle consistency)。

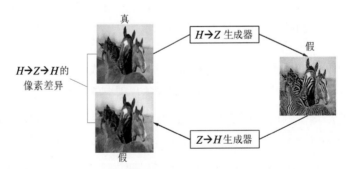

图 8.11　后向循环一致性损失

累加两个方向的像素距离就可以构建整个循环的一致性损失。一个方向是从斑马到马再到斑马，经过一个循环后，就可以看到斑马的真实图像和虚假图像的区别；另一个方向是从马到斑马再回到马，过程类似。公式表示如下：

$$\mathcal{L}_{\text{cyc}}(G,F) = \mathbb{E}_{x \sim p_{\text{data}}(x)}[\parallel F(G(x)) - x \parallel_1] + \mathbb{E}_{y \sim p_{\text{data}}(y)}[\parallel G(F(y)) - y \parallel_1] \tag{8.2}$$

3）同一性映射损失

同一性映射损失(identity mapping loss)主要用于画作转换为照片的场景。该损失是由CycleGAN 提出的一个可选损失项，主要是为了帮助保持输出中的颜色，这是一个像素距离损失项。同一性映射损失有助于保留图像中的颜色，并使映射在本质上更有意义。这意味着该损失能确保在把一匹马的图像输入到"斑马→马"生成器中时，理想情况下生成器应该输出一幅马的相同图像，因为输入已经是马的样式，而不是斑马，希望"斑马→马"生成器应用同一性映射损失，或者说基本上应该没有输入到输出的变化，如图 8.12 所示。

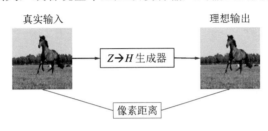

图 8.12　同一性映射

同一性映射损失项可用于衡量真实输入和输出之间的像素距离，如果像素距离为零，同一性映射损失为零，这是理想的情况。因为输入已经是一匹马，不再希望生成器把它转换成其他任何东西。相反，如果生成器将马的图像映射到一些奇怪的东西，就会以某种方式改变图像。例如，尝试将输入图像的色调转换为其他颜色。因此需要计算输入和输出之间的像素距离，并阻止除同一性映射以外的其他映射。

CycleGAN 论文发现，引入同一性映射损失项有助于在转换过程中保持输入和输出之间的颜色组合。当提供目标域的真实样本作为生成器的输入时，调整生成器使其接近一种同一性映射。公式如下：

$$\mathcal{L}_{\text{identity}}(G,F) = \mathbb{E}_{y \sim p_{\text{data}}(y)}[\parallel G(y) - y \parallel_1] + \mathbb{E}_{x \sim p_{\text{data}}(x)}[\parallel F(x) - x \parallel_1] \tag{8.3}$$

如果没有 $\mathcal{L}_{\text{identity}}$ 损失，生成器 G 和 F 在不需要的时候可以自由改变输入图像的色调。

例如，在学习莫奈的画作与 Flickr 网站照片之间的映射时，生成器经常将白天的画作映射到日落时拍摄的照片，这样的映射在对抗性损失和循环一致性损失下可能同样有效。

图 8.13 展示了 CycleGAN 论文中的同一性映射损失对莫奈画作转换为照片的影响。其从左到右分别是输入画作、不加同一性映射损失的 CycleGAN、加上同一性映射损失的CycleGAN。可见同一性映射损失有助于保留输入画作的颜色。

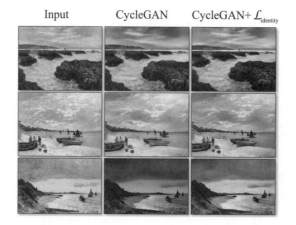

图 8.13 同一性映射损失的效果

在 CycleGAN 的场景下，同一性映射损失在两堆图像的一堆中获取真实图像，将其输入到反方向的生成器，然后计算像素距离，理想情况下输入和输出之间没有差异，因此同一性映射损失为零。同一性映射损失是可选的损失项，在一些任务中用于保持颜色。在许多情况下该损失非常有用，但在有些情况下可能没有什么用处，因此是可选的。

4）完整损失函数

完整损失函数包含对抗性损失、循环一致性损失和可选的同一性映射损失，公式如下：

$$\mathcal{L}(G,F,D_X,D_Y) = \mathcal{L}_{GAN}(G,D_Y,X,Y) + \mathcal{L}_{GAN}(F,D_X,Y,X) + \lambda_1 \mathcal{L}_{cyc}(G,F) + \lambda_2 \mathcal{L}_{identity}(G,F) \quad (8.4)$$

其中，λ_1 和 λ_2 控制对应的损失项的相对重要性，如果不需要使用同一性映射损失，可将 λ_2 设置为 0。训练目标是求下式的最优解：

$$G^*,F^* = \arg\min_{G,F} \max_{D_X,D_Y} \mathcal{L}(G,F,D_X,D_Y) \quad (8.5)$$

上述模型可以视为训练两个自编码器：一个自编码器学习 $F \circ G : X \to X$，同时另一个自编码器学习 $G \circ F : Y \to Y$。然而，每个自编码器都有特殊的内部结构：它们通过一种能把图像转换到另一个域的中间表示来将图像映射到自身。这种组织方式也可以视为对抗性自编码器的特殊情况，是使用对抗性损失来训练自编码器的瓶颈层来匹配任意目标分布。本例中，$X \to X$ 自编码器的目标分布是域 Y。

5）消融实验

为了验证完整损失函数中各个损失项的作用，CycleGAN 论文做了很多消融实验，对照只使用部分损失项和使用完整损失函数的区别，图 8.14 是实验结果。实验一共有 7 列，从左到右分别是：输入图像、只使用循环一致性损失、只使用对抗性损失、对抗性损失+前向循环一致性损失[即 $F(G(x)) \approx x$]、对抗性损失+后向循环一致性损失[即 $G(F(y)) \approx y$]、论文

CycleGAN 完整方法和真实图像。

图 8.14　消融实验结果[①]

其中，Cycle alone 和 GAN + backward 都无法生成与目标域相似的图像；GAN alone 和 GAN + forward 都遭遇到模式崩溃，无论输入什么图像，都会产生相同的映射输出。

可见，论文 CycleGAN 完整方法能得到最佳结果。

8.2.4　CycleGAN 完整框架

下面介绍 CycleGAN 的完整框架。CycleGAN 由两个不同的 GAN 构成，形成一个循环，使用循环一致性损失。另外，最小二乘对抗损失是主要损失项，还有可选的同一性映射损失项。

下面使用一个从真斑马图像转换为假马图像的例子来展示 CycleGAN 的学习过程，记住反过来的过程也是一样的，只是方向相反。首先输入真实斑马图像，使用生成器将斑马映射为马的虚假图像。然后，H 判别器同时使用 PatchGAN 来检查真实图像和虚假图像，它也不知道哪个为真，哪个为假，但会输出一个分类矩阵，表示判断的图像小块的真假程度，如图 8.15 所示。

分类矩阵使用最小二乘损失，具体处理方法是：对于真实图像，该分类矩阵应该全是 1；对于虚假图像，分类矩阵应该全是 0。通过计算预测输出与理想输出之差的平方和，可计算得到最小二乘对抗损失。

除了最小二乘对抗损失，还可以通过让假马通过"马→斑马"生成器来生成一幅斑马的虚假图像，这样就可以计算"斑马→马→斑马"方向上的循环一致性损失。可以通过计

---

① 来源：https://arxiv.org/abs/1703.10593

算真实斑马和生成的假斑马之间的像素距离来得到该损失，我们期望该损失值很小，这样真假斑马图像看起来就差不多一样，最终就可以通过两个生成器来转换风格，如图 8.16 所示。

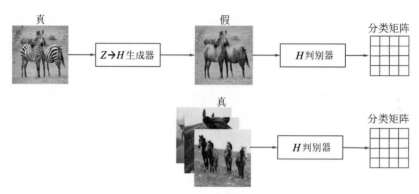

图 8.15　Z→H 方向

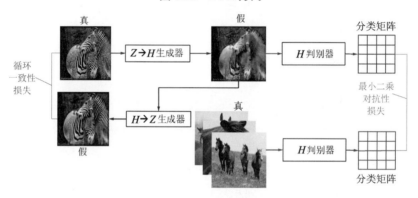

图 8.16　Z→H→Z 方向

同样，在相反的方向上也是如此，方向是"马→斑马→马"，同样计算循环一致性损失，只不过这里应该相应使用斑马判别器。

如果选择在任务中使用同一性映射损失，将斑马图像输入到"马→斑马"生成器中得到斑马图像，计算像素距离得到同一性映射损失。同样，在"斑马→马"生成器中应该对马的图像做同样的操作，如图 8.17 所示。

CycleGAN 由两个 GAN 组成，组成一个相互依赖的循环，计算由多个不同类型的损失项组成的损失函数。CycleGAN 的损失函数比较复杂，总共包含 3 种 6 个损失项。其中有两个 GAN 的最小二乘对抗性损失，还有两个方向上的循环一致性损失，此外，还有两个生成器的同一性映射损失，这构成两个生成器的完整的损失函数。同时，每个判别器只关注对应的对抗性损失,其损失函数较为简单,只使用 PatchGAN 的最小二乘对抗性损失。

图 8.17 同一性映射损失

8.3 CycleGAN 编程实现

CycleGAN 项目的网址为 https://junyanz.github.io/CycleGAN/,推荐的 CycleGAN 实现网址为 https://github.com/junyanz/pytorch-CycleGAN-and-pix2pix。由于原项目代码所涉及的功能较多,且将 CycleGAN 与 Pix2Pix 的功能混杂在一起,代码较为复杂,不利于初学者阅读和学习,所以本节将 CycleGAN 的核心功能独立出来,同时,为便于学习做了一些修改。

8.3.1 加载数据集

CycleGAN 包含的数据集较多,可参考第 1 章常用数据集介绍。因为数据集的源域 A 和目标域 B 在不同的文件夹,且训练集与测试集已经分开,所以需要根据文件夹名称来加载对应的图像文件。horse2zebra 数据集目录结构如图 8.18 所示。

图 8.18 horse2zebra 数据集目录结构

加载数据集要完成的工作比较简单,但需要对图像进行简单的变换。代码 8.1 是图像变换代码,能完成调整图像尺寸(Resize)、水平翻转(HorizontalFlip)、规范化(Normalize)、和转换为张量(ToTensorV2)的功能。

代码 8.1 组合图像变换

```
# 组合图像变换
transforms = A.Compose(
    [
        A.Resize(width=256, height=256),
        A.HorizontalFlip(p=0.5),
        A.Normalize(mean=[0.5, 0.5, 0.5], std=[0.5, 0.5, 0.5], max_pixel_value=255),
        ToTensorV2(),
    ],
)
```

代码 8.2 是继承 torch.utils.data.Dataset 的数据集类，初始化方法__init__() 的参数 root_x 和 root_y 可指定同一个数据集中的两个域的文件夹；由于要加载两个域的图像，因此设置 dataset_len 变量来保存数据集的长度，取两个域数据大小的最大值。核心功能编写在 __getitem__()方法中，它首先调用 Image.open()方法打开图像文件并转换为 Numpy 数组，然后进行相应的图像变换，最后返回两个图像张量。

代码 8.2 CycleGAN 数据集类

```
class XYDataset(Dataset):
    """ CycleGAN 数据集 """
    def __init__(self, root_x, root_y):
        self.root_x = root_x
        self.root_y = root_y

        self.x_images = os.listdir(root_x)
        self.y_images = os.listdir(root_y)
        # 取两个域数据大小的最大值
        self.dataset_len = max(len(self.x_images), len(self.y_images))
        self.x_len = len(self.x_images)
        self.y_len = len(self.y_images)

    def __len__(self):
        return self.dataset_len

    def __getitem__(self, index):
        # 防止下标越界
        x_img_file = self.x_images[index % self.x_len]
        y_img_file = self.y_images[index % self.y_len]

        x_path = os.path.join(self.root_x, x_img_file)
        y_path = os.path.join(self.root_y, y_img_file)
```

```
x_img = np.array(Image.open(x_path).convert("RGB"))
y_img = np.array(Image.open(y_path).convert("RGB"))

x_img = transforms(image=x_img)["image"]
y_img = transforms(image=y_img)["image"]

return x_img, y_img
```

8.3.2 判别器

CycleGAN 论文明确说明判别器网络使用 70×70 的 PatchGAN。假设 C_k 表示一个有 k 个过滤器、步长为 2 的 4×4 Convolution + InstanceNorm + LeakyReLU 层。最后一层之后，应用一个卷积层来产生一维输出。在第一个 C64 层不使用 InstanceNorm，使用斜率为 0.2 的 LeakyReLU。判别器的架构为

C64-C128-C256-C512

首先定义一个继承 nn.Module 的 Block 类，该块由 Convolution + InstanceNorm + LeakyReLU 构成，如代码 8.3 所示。

代码 8.3 | **CNN 块**

```
class Block(nn.Module):
""" CNN 块 """
    def __init__(self, in_channels, out_channels, stride):
        super().__init__()
        self.block = nn.Sequential(
            nn.Conv2d(in_channels, out_channels, kernel_size=4, stride=stride,
                    padding=1, bias=True, padding_mode="reflect", ),
            nn.InstanceNorm2d(out_channels),
            nn.LeakyReLU(0.2, inplace=True),
        )

    def forward(self, x):
        return self.block(x)
```

代码 8.4 中的判别器类继承 nn.Module，features 数组定义判别器四个块的过滤器数量。由于 C128、C256 和 C512 的结构都相似，因此使用一个循环来迭代生成三个 CNN 块实例，最后再生成一个卷积层实例。在前向传播方法 forward()中，首先使用实现 C64 层的 initial 对输入 x 进行卷积操作，然后由实现 C128-C256-C512 层的 model 进行卷积运算，最后调用 torch.sigmoid 函数将数据压缩至[0, 1]范围的 PatchGAN。

代码 8.4　判别器类

```python
class Discriminator(nn.Module):
    """ 判别器类 """
    def __init__(self, in_channels=3, features=None):
        super().__init__()
        if features is None:
            features = [64, 128, 256, 512]
        self.initial = nn.Sequential(
            nn.Conv2d(in_channels, features[0], kernel_size=4, stride=2,
                      padding=1, padding_mode="reflect", ),
            nn.LeakyReLU(0.2, inplace=True),
        )

        layers = []
        in_channels = features[0]
        for feature in features[1:]:
            layers.append(
                Block(in_channels, feature, stride=1 if feature == features[-1] else 2)
            )
            in_channels = feature
        layers.append(
            nn.Conv2d(in_channels, 1, kernel_size=4, stride=1, padding=1,
                      padding_mode="reflect", )
        )
        self.model = nn.Sequential(*layers)

    def forward(self, x):
        x = self.initial(x)
        return torch.sigmoid(self.model(x))
```

如下为 PyTorch 实现判别器的网络结构。可以看到，第一个 C64 层(initial)不使用 InstanceNorm，紧接 C128 层((0): Block)、C256 层((1): Block)和 C512 层((2): Block)，最后再用一个卷积层来产生一维输出。最后一行的 torch.Size([16, 1, 30, 30])说明网络输出为 30×30 的 PatchGAN。

```
Discriminator(
  (initial): Sequential(
    (0): Conv2d(3, 64, kernel_size=(4, 4), stride=(2, 2), padding=(1, 1),
padding_mode=reflect)
    (1): LeakyReLU(negative_slope=0.2, inplace=True)
  )
  (model): Sequential(
    (0): Block(
      (block): Sequential(
        (0): Conv2d(64, 128, kernel_size=(4, 4), stride=(2, 2), padding=(1, 1),
padding_mode=reflect)
```

```
      (1): InstanceNorm2d(128, eps=1e-05, momentum=0.1, affine=False,
track_running_stats=False)
      (2): LeakyReLU(negative_slope=0.2, inplace=True)
    )
  )
  (1): Block(
    (block): Sequential(
      (0): Conv2d(128, 256, kernel_size=(4, 4), stride=(2, 2), padding=(1, 1),
padding_mode=reflect)
      (1): InstanceNorm2d(256, eps=1e-05, momentum=0.1, affine=False,
track_running_stats=False)
      (2): LeakyReLU(negative_slope=0.2, inplace=True)
    )
  )
  (2): Block(
    (block): Sequential(
      (0): Conv2d(256, 512, kernel_size=(4, 4), stride=(1, 1), padding=(1, 1),
padding_mode=reflect)
      (1): InstanceNorm2d(512, eps=1e-05, momentum=0.1, affine=False,
track_running_stats=False)
      (2): LeakyReLU(negative_slope=0.2, inplace=True)
    )
  )
  (3): Conv2d(512, 1, kernel_size=(4, 4), stride=(1, 1), padding=(1, 1),
padding_mode=reflect)
  )
)
torch.Size([16, 1, 30, 30])
```

8.3.3 生成器

CycleGAN 论文中明确说明了生成器的网络结构。

例如，使用 c7s1-k 表示有 k 个过滤器、步长为 1 的 7×7 Convolution + InstanceNorm + ReLU 层。dk 表示 k 个过滤器、步长为 2 的 3×3 Convolution + InstanceNorm + ReLU 层，使用反射填充(padding_mode="reflect")来减少伪影。Rk 表示残差块，该残差块包含两个 3×3 卷积层，这两层具有相同数量 k 的过滤器。uk 表示一个 3×3 的转置卷积(fractional-strided-Convolution) + InstanceNorm + ReLU 层，有 k 个过滤器，步长为 1/2。

6 个残差块的网络包括：

      c7s1-64,d128,d256,R256,R256,R256, R256,R256,R256,u128,u64,c7s1-3

9 个残差块的网络包括：

c7s1-64,d128,d256,R256,R256,R256,R256,R256,R256,R256,R256,R256,u128,u64,c7s1-3

首先编写一个继承 nn.Module 的 DownBlock 类，该块由 Convolution + InstanceNorm + ReLU 构成，如代码 8.5 所示。

代码 8.5 下采样块

```python
class DownBlock(nn.Module):
    """ 下采样块 """
    def __init__(self, in_channels, out_channels, use_act=True, **kwargs):
        super().__init__()
        self.down_block = nn.Sequential(
            nn.Conv2d(in_channels, out_channels, padding_mode="reflect", **kwargs),
            nn.InstanceNorm2d(out_channels),
            nn.ReLU(inplace=True) if use_act else nn.Identity(),
        )

    def forward(self, x):
        return self.down_block(x)
```

然后定义一个如代码 8.6 所示的残差块，该类的 block 层由两个 DownBlock 构成，在前向传播方法 forward()中进行残差连接。

代码 8.6 残差块

```python
class ResidualBlock(nn.Module):
    """ 残差块 """
    def __init__(self, channels):
        super().__init__()
        self.block = nn.Sequential(
            DownBlock(channels, channels, kernel_size=3, padding=1),
            DownBlock(channels, channels, use_act=False, kernel_size=3, padding=1),
        )

    def forward(self, x):
        return x + self.block(x)
```

下一步是定义一个如代码 8.7 所示的上采样块，该块继承 nn.Module，up_block 层由 ConvTranspose + InstanceNorm + ReLU 构成。

代码 8.7 上采样块

```python
class UpBlock(nn.Module):
    """ 上采样块 """
    def __init__(self, in_channels, out_channels, **kwargs):
        super().__init__()
        self.up_block = nn.Sequential(
            nn.ConvTranspose2d(in_channels, out_channels, **kwargs),
            nn.InstanceNorm2d(out_channels),
            nn.ReLU(inplace=True),
```

```
    )

    def forward(self, x):
        return self.up_block(x)
```

最后定义一个生成器类，如代码 8.8 所示，Generator 类继承 nn.Module，initial 层实现
c7s1-64，down_blocks 层使用两个 DownBlock 块实现 d128 和 d256，res_blocks 层使用一个
循环调用 ResidualBlock 块实现 num_residuals 个 R256，up_blocks 层使用两个 UpBlock 块实
现 u128 和 u64，last 层实现 c7s1-3。初始化__init__()方法中，num_residuals 参数定义了生成
器网络的残差块数量，默认为 9。

代码 8.8 | **生成器类**

```
class Generator(nn.Module):
    """ 生成器类 """
    def __init__(self, img_channels, num_features=64, num_residuals=9):
        super().__init__()
        self.initial = nn.Sequential(
            nn.Conv2d(img_channels, num_features, kernel_size=7, stride=1,
                    padding=3, padding_mode="reflect", ),
            nn.InstanceNorm2d(num_features),
            nn.ReLU(inplace=True),
        )
        self.down_blocks = nn.ModuleList(
            [
                DownBlock(num_features, num_features * 2, kernel_size=3, stride=2,
                        padding=1, ),
                DownBlock(num_features * 2, num_features * 4, kernel_size=3,
                        stride=2, padding=1, ),
            ]
        )
        self.res_blocks = nn.Sequential(
            *[ResidualBlock(num_features * 4) for _ in range(num_residuals)]
        )
        self.up_blocks = nn.ModuleList(
            [
                UpBlock(num_features * 4, num_features * 2, kernel_size=3,
                        stride=2, padding=1, output_padding=1, ),
                UpBlock(num_features * 2, num_features * 1, kernel_size=3,
                        stride=2, padding=1, output_padding=1, ),
            ]
        )

        self.last = nn.Conv2d(num_features * 1, img_channels, kernel_size=7,
                            stride=1, padding=3, padding_mode="reflect", )
```

```
def forward(self, x):
    x = self.initial(x)
    for layer in self.down_blocks:
        x = layer(x)
    x = self.res_blocks(x)
    for layer in self.up_blocks:
        x = layer(x)
    return torch.tanh(self.last(x))
```

生成器的结构如下，可以看到，本程序实现了 9 个残差块的生成器网络。

```
Generator(
  (initial): Sequential(
    (0): Conv2d(3, 9, kernel_size=(7, 7), stride=(1, 1), padding=(3, 3),
padding_mode=reflect)
    (1): InstanceNorm2d(9, eps=1e-05, momentum=0.1, affine=False,
track_running_stats=False)
    (2): ReLU(inplace=True)
  )
  (down_blocks): ModuleList(
    (0): DownBlock(
      (down_block): Sequential(
        (0): Conv2d(9, 18, kernel_size=(3, 3), stride=(2, 2), padding=(1, 1),
padding_mode=reflect)
        (1): InstanceNorm2d(18, eps=1e-05, momentum=0.1, affine=False,
track_running_stats=False)
        (2): ReLU(inplace=True)
      )
    )
    (1): DownBlock(
      (down_block): Sequential(
        (0): Conv2d(18, 36, kernel_size=(3, 3), stride=(2, 2), padding=(1, 1),
padding_mode=reflect)
        (1): InstanceNorm2d(36, eps=1e-05, momentum=0.1, affine=False,
track_running_stats=False)
        (2): ReLU(inplace=True)
      )
    )
  )
  (res_blocks): Sequential(
    (0): ResidualBlock(
      (block): Sequential(
        (0): DownBlock(
          (down_block): Sequential(
            (0): Conv2d(36, 36, kernel_size=(3, 3), stride=(1, 1), padding=(1, 1),
padding_mode=reflect)
            (1): InstanceNorm2d(36, eps=1e-05, momentum=0.1, affine=False,
track_running_stats=False)
```

```
        (2): ReLU(inplace=True)
      )
    )
    (1): DownBlock(
      (down_block): Sequential(
        (0): Conv2d(36, 36, kernel_size=(3, 3), stride=(1, 1), padding=(1, 1),
padding_mode=reflect)
        (1): InstanceNorm2d(36, eps=1e-05, momentum=0.1, affine=False,
track_running_stats=False)
        (2): Identity()
      )
    )
  )
)
(1): ResidualBlock(
  (block): Sequential(
    (0): DownBlock(
      (down_block): Sequential(
        (0): Conv2d(36, 36, kernel_size=(3, 3), stride=(1, 1), padding=(1, 1),
padding_mode=reflect)
        (1): InstanceNorm2d(36, eps=1e-05, momentum=0.1, affine=False,
track_running_stats=False)
        (2): ReLU(inplace=True)
      )
    )
    (1): DownBlock(
      (down_block): Sequential(
        (0): Conv2d(36, 36, kernel_size=(3, 3), stride=(1, 1), padding=(1, 1),
padding_mode=reflect)
        (1): InstanceNorm2d(36, eps=1e-05, momentum=0.1, affine=False,
track_running_stats=False)
        (2): Identity()
      )
    )
  )
)
(2): ResidualBlock(
  (block): Sequential(
    (0): DownBlock(
      (down_block): Sequential(
        (0): Conv2d(36, 36, kernel_size=(3, 3), stride=(1, 1), padding=(1, 1),
padding_mode=reflect)
        (1): InstanceNorm2d(36, eps=1e-05, momentum=0.1, affine=False,
track_running_stats=False)
        (2): ReLU(inplace=True)
      )
    )
    (1): DownBlock(
```

```
        (down_block): Sequential(
          (0): Conv2d(36, 36, kernel_size=(3, 3), stride=(1, 1), padding=(1, 1),
padding_mode=reflect)
          (1): InstanceNorm2d(36, eps=1e-05, momentum=0.1, affine=False,
track_running_stats=False)
          (2): Identity()
        )
      )
    )
  )
  (3): ResidualBlock(
    (block): Sequential(
      (0): DownBlock(
        (down_block): Sequential(
          (0): Conv2d(36, 36, kernel_size=(3, 3), stride=(1, 1), padding=(1, 1),
padding_mode=reflect)
          (1): InstanceNorm2d(36, eps=1e-05, momentum=0.1, affine=False,
track_running_stats=False)
          (2): ReLU(inplace=True)
        )
      )
      (1): DownBlock(
        (down_block): Sequential(
          (0): Conv2d(36, 36, kernel_size=(3, 3), stride=(1, 1), padding=(1, 1),
padding_mode=reflect)
          (1): InstanceNorm2d(36, eps=1e-05, momentum=0.1, affine=False,
track_running_stats=False)
          (2): Identity()
        )
      )
    )
  )
  (4): ResidualBlock(
    (block): Sequential(
      (0): DownBlock(
        (down_block): Sequential(
          (0): Conv2d(36, 36, kernel_size=(3, 3), stride=(1, 1), padding=(1, 1),
padding_mode=reflect)
          (1): InstanceNorm2d(36, eps=1e-05, momentum=0.1, affine=False,
track_running_stats=False)
          (2): ReLU(inplace=True)
        )
      )
      (1): DownBlock(
        (down_block): Sequential(
          (0): Conv2d(36, 36, kernel_size=(3, 3), stride=(1, 1), padding=(1, 1),
padding_mode=reflect)
```

```
          (1): InstanceNorm2d(36, eps=1e-05, momentum=0.1, affine=False,
track_running_stats=False)
          (2): Identity()
        )
      )
    )
  )
  (5): ResidualBlock(
    (block): Sequential(
      (0): DownBlock(
        (down_block): Sequential(
          (0): Conv2d(36, 36, kernel_size=(3, 3), stride=(1, 1), padding=(1, 1),
padding_mode=reflect)
          (1): InstanceNorm2d(36, eps=1e-05, momentum=0.1, affine=False,
track_running_stats=False)
          (2): ReLU(inplace=True)
        )
      )
      (1): DownBlock(
        (down_block): Sequential(
          (0): Conv2d(36, 36, kernel_size=(3, 3), stride=(1, 1), padding=(1, 1),
padding_mode=reflect)
          (1): InstanceNorm2d(36, eps=1e-05, momentum=0.1, affine=False,
track_running_stats=False)
          (2): Identity()
        )
      )
    )
  )
  (6): ResidualBlock(
    (block): Sequential(
      (0): DownBlock(
        (down_block): Sequential(
          (0): Conv2d(36, 36, kernel_size=(3, 3), stride=(1, 1), padding=(1, 1),
padding_mode=reflect)
          (1): InstanceNorm2d(36, eps=1e-05, momentum=0.1, affine=False,
track_running_stats=False)
          (2): ReLU(inplace=True)
        )
      )
      (1): DownBlock(
        (down_block): Sequential(
          (0): Conv2d(36, 36, kernel_size=(3, 3), stride=(1, 1), padding=(1, 1),
padding_mode=reflect)
          (1): InstanceNorm2d(36, eps=1e-05, momentum=0.1, affine=False,
track_running_stats=False)
          (2): Identity()
        )
```

```
          )
        )
      )
      (7): ResidualBlock(
        (block): Sequential(
          (0): DownBlock(
            (down_block): Sequential(
              (0): Conv2d(36, 36, kernel_size=(3, 3), stride=(1, 1), padding=(1, 1),
padding_mode=reflect)
              (1): InstanceNorm2d(36, eps=1e-05, momentum=0.1, affine=False,
track_running_stats=False)
              (2): ReLU(inplace=True)
            )
          )
          (1): DownBlock(
            (down_block): Sequential(
              (0): Conv2d(36, 36, kernel_size=(3, 3), stride=(1, 1), padding=(1, 1),
padding_mode=reflect)
              (1): InstanceNorm2d(36, eps=1e-05, momentum=0.1, affine=False,
track_running_stats=False)
              (2): Identity()
            )
          )
        )
      )
      (8): ResidualBlock(
        (block): Sequential(
          (0): DownBlock(
            (down_block): Sequential(
              (0): Conv2d(36, 36, kernel_size=(3, 3), stride=(1, 1), padding=(1, 1),
padding_mode=reflect)
              (1): InstanceNorm2d(36, eps=1e-05, momentum=0.1, affine=False,
track_running_stats=False)
              (2): ReLU(inplace=True)
            )
          )
          (1): DownBlock(
            (down_block): Sequential(
              (0): Conv2d(36, 36, kernel_size=(3, 3), stride=(1, 1), padding=(1, 1),
padding_mode=reflect)
              (1): InstanceNorm2d(36, eps=1e-05, momentum=0.1, affine=False,
track_running_stats=False)
              (2): Identity()
            )
          )
        )
      )
    )
  )
```

```
(up_blocks): ModuleList(
  (0): UpBlock(
    (up_block): Sequential(
      (0): ConvTranspose2d(36, 18, kernel_size=(3, 3), stride=(2, 2),
padding=(1, 1), output_padding=(1, 1))
      (1): InstanceNorm2d(18, eps=1e-05, momentum=0.1, affine=False,
track_running_stats=False)
      (2): ReLU(inplace=True)
    )
  )
  (1): UpBlock(
    (up_block): Sequential(
      (0): ConvTranspose2d(18, 9, kernel_size=(3, 3), stride=(2, 2), padding=(1,
1), output_padding=(1, 1))
      (1): InstanceNorm2d(9, eps=1e-05, momentum=0.1, affine=False,
track_running_stats=False)
      (2): ReLU(inplace=True)
    )
  )
)
(last): Conv2d(9, 3, kernel_size=(7, 7), stride=(1, 1), padding=(3, 3),
padding_mode=reflect)
)
torch.Size([16, 3, 256, 256])
```

8.3.4　CycleGAN 训练

按照 CycleGAN 论文的说明，将 λ_1(代码中的 LAMBDA_CYCLE)设定为 10；不使用同一性映射损失，则将 λ_2(代码中的 LAMBDA_IDENTITY)设定为 0；并且使用 Adam 优化器，将训练批大小(代码中的 BATCH_SIZE)设定为 1。所有网络都从头开始训练，学习率(代码中的 LEARNING_RATE)为 0.0002，训练轮次(代码中的 NUM_EPOCHS)为 200，如代码 8.9 所示。

代码 8.9　超参数设置

```
# 超参数
DEVICE = torch.device("cuda" if torch.cuda.is_available() else "cpu")
DATASET = "horse2zebra"  # 请改变数据集名称
TRAIN_DIR = "../datasets/cyclegan/" + DATASET
VAL_DIR = "../datasets/cyclegan/" + DATASET
BATCH_SIZE = 1
VAL_BATCH_SIZE = 8
BETA1 = 0.5
BETA2 = 0.999
LEARNING_RATE = 0.0002          # 与论文一致
```

```
LAMBDA_CYCLE = 10
LAMBDA_IDENTITY = 0.0
NUM_WORKERS = 4
NUM_EPOCHS = 200
LOAD_MODEL = False      # 定义是否加载模型
SAVE_MODEL = True       # 定义是否存储模型
```

代码 8.10 是训练前的准备工作。它首先实例化生成器和判别器各两个，然后实例化生成器的优化器和判别器的优化器，最后定义 L1 和 MSE 两个损失函数，分别用于衡量图像差异和对抗性损失。

代码 8.10 | **训练前的准备**

```
# 实例化生成器和判别器
gen_xy = Generator(img_channels=3, num_residuals=9).to(DEVICE)
gen_yx = Generator(img_channels=3, num_residuals=9).to(DEVICE)
disc_x = Discriminator(in_channels=3).to(DEVICE)
disc_y = Discriminator(in_channels=3).to(DEVICE)

# 实例化两个优化器
opt_gen = optim.Adam(
    list(gen_yx.parameters()) + list(gen_xy.parameters()),
    lr=LEARNING_RATE,
    betas=(BETA1, BETA2),
)
opt_disc = optim.Adam(
    list(disc_x.parameters()) + list(disc_y.parameters()),
    lr=LEARNING_RATE,
    betas=(BETA1, BETA2),
)

# 两个损失函数
l1 = nn.L1Loss()
mse = nn.MSELoss()
```

代码 8.11 中实例化了训练数据集和验证数据集，以及对应的数据加载器对象，然后实例化 GradScaler 对象，以实现自动混合精度运算(可参考第 7 章)。

代码 8.11 | **实例化数据集**

```
# 训练数据集
dataset = XYDataset(root_x=TRAIN_DIR + "/trainA",
                    root_y=TRAIN_DIR + "/trainB", )
# 验证数据集
val_dataset = XYDataset(root_x=VAL_DIR + "/testA",
                        root_y=VAL_DIR + "/testB", )
loader = DataLoader(dataset, batch_size=BATCH_SIZE, shuffle=True,
                    num_workers=NUM_WORKERS, pin_memory=True, )
```

```
val_loader = DataLoader(val_dataset, batch_size=VAL_BATCH_SIZE, shuffle=False,
                        pin_memory=True, )

# 训练前实例化 GradScaler 对象
g_scaler = GradScaler()
d_scaler = GradScaler()
```

CycleGAN 论文明确说明训练轮次为 200，并且在前 100 轮训练中保持同样的学习率，在接下来的 100 轮训练中将学习率线性衰减到零。为此，编写一个 lambda 自定义函数，该函数以训练轮次为输入，学习率倍率因子为输出。然后使用 torch.optim.lr_scheduler 的 LambdaLR 来调度学习率，如代码 8.12 所示。

代码 8.12 ｜ 学习率衰减

```
# 实现论文里的调整学习率
lambda_lr = lambda step: 1 if step <= 100 else 1 - (step - 100) / 100
scheduler_disc = LambdaLR(opt_disc, lr_lambda=lambda_lr)
scheduler_gen = LambdaLR(opt_gen, lr_lambda=lambda_lr)
```

为了简单，将训练一轮的代码全部写到一个函数中，如代码 8.13 所示。在循环体中，首先训练判别器 X 和 Y，判别器只有 BCE 损失，因此总损失为真实样本的损失和生成样本损失的均值，但需要分别计算 X2Y 方向和 Y2X 方向的 BCE 损失，总损失为两者的均值。接着根据总损失来更新判别器 X 和 Y 的网络参数。然后训练生成器 X 和 Y，注意这里只能使用两个域的生成样本来训练，不能使用真实样本。需要计算两个生成器的对抗性损失、循环损失和同一性损失，最终的总损失为三者之加权和，最后根据总损失来更新生成器参数。

代码 8.13 ｜ 训练函数

```
def train_gan(epoch, gen_xy, gen_yx, disc_x, disc_y, loader, opt_disc, opt_gen,
l1, mse, d_scaler, g_scaler):
    """ 训练 CycleGAN 网络 """
    for idx, (x, y) in enumerate(loader):
        x = x.to(DEVICE)
        y = y.to(DEVICE)

        # 训练判别器 X 和 Y
        with autocast():
            # 先计算 X2Y 方向
            fake_y = gen_xy(x)
            disc_y_real = disc_y(y)
            disc_y_fake = disc_y(fake_y.detach())
            disc_y_real_loss = mse(disc_y_real, torch.ones_like(disc_y_real))
            disc_y_fake_loss = mse(disc_y_fake, torch.zeros_like(disc_y_fake))
```

```
    disc_y_loss = disc_y_real_loss + disc_y_fake_loss

    # 再计算 Y2X 方向
    fake_x = gen_yx(y)
    disc_x_real = disc_x(x)
    disc_x_fake = disc_x(fake_x.detach())
    disc_x_real_loss = mse(disc_x_real, torch.ones_like(disc_x_real))
    disc_x_fake_loss = mse(disc_x_fake, torch.zeros_like(disc_x_fake))
    disc_x_loss = disc_x_real_loss + disc_x_fake_loss

    # 总损失
    disc_loss = (disc_x_loss + disc_y_loss) / 2

# 更新判别器 X 和 Y 的参数
opt_disc.zero_grad()
d_scaler.scale(disc_loss).backward()
d_scaler.step(opt_disc)
d_scaler.update()

# 训练生成器 X 和 Y
with autocast():
    # 两个生成器的对抗性损失
    disc_x_fake = disc_x(fake_x)
    disc_y_fake = disc_y(fake_y)
    loss_gen_yx = mse(disc_x_fake, torch.ones_like(disc_x_fake))
    loss_gen_xy = mse(disc_y_fake, torch.ones_like(disc_y_fake))

    # 循环损失
    cycle_x = gen_yx(fake_y)
    cycle_y = gen_xy(fake_x)
    cycle_x_loss = l1(y, cycle_y)
    cycle_y_loss = l1(x, cycle_x)

    # 同一性损失，如果设置 LAMBDA_IDENTITY=0，可将下面四行注释
    identity_x = gen_yx(x)
    identity_y = gen_xy(y)
    identity_x_loss = l1(x, identity_x)
    identity_y_loss = l1(y, identity_y)

    # 生成器的总损失
    gen_loss = (loss_gen_xy + loss_gen_yx + (cycle_x_loss + cycle_y_loss)*
                LAMBDA_CYCLE+ (identity_x_loss + identity_y_loss) *
                LAMBDA_IDENTITY)

# 更新生成器参数
opt_gen.zero_grad()
g_scaler.scale(gen_loss).backward()
g_scaler.step(opt_gen)
```

```
    g_scaler.update()

    # 输出训练过程性能统计
    if idx % PRINT_ITER == 0:
        print(f"轮: {epoch}/{NUM_EPOCHS} 迭代: {idx} D损失: {disc_loss:.4f},
              G损失: {gen_loss:.4f}")
```

代码 8.14 用迭代进行训练。循环体调用训练函数来迭代更新两个判别器和两个生成器，根据 SAVE_MODEL 设置来保存检查点，并且保存生成的图片以便检查效果，最后更新学习率。

代码8.14 迭代训练

```
# 迭代训练
for epoch in range(NUM_EPOCHS):
    train_gan(epoch, gen_xy, gen_yx, disc_x, disc_y, loader, opt_disc, opt_gen,
    l1, mse, d_scaler, g_scaler, )

    if SAVE_MODEL:
        utils.save_checkpoint(gen_xy, opt_gen, filename=CHECKPOINT_GEN_XY)
        utils.save_checkpoint(gen_yx, opt_gen, filename=CHECKPOINT_GEN_YX)
        utils.save_checkpoint(disc_x, opt_disc, filename=CHECKPOINT_DISC_X)
        utils.save_checkpoint(disc_y, opt_disc, filename=CHECKPOINT_DISC_Y)

    utils.save_examples_cyclegan(gen_xy, gen_yx, val_loader, epoch,
                                 folder=OUT_DIR, device=DEVICE)

    # 更新学习率
    scheduler_disc.step()
    scheduler_gen.step()
```

8.3.5 运行结果展示

完整程序请参见 train.py、dataset.py、discriminator.py 和 generator.py，改变 train.py 里的诸如 DATASET 的超参数，运行 200 轮后，可得到如图 8.19～图 8.22 所示的结果。

图 8.19 斑马转换为马的图片

图 8.20　马的真实图片

图 8.21　马转换为斑马的图片

图 8.22　斑马的真实图片

可以看到，与真实图片相比，转换后的图片还有很多缺陷，斑马转换为马的一些图片并没有完全去除花纹，马转换为斑马的一些图片甚至把斑马的花纹涂抹到其他地方。但还是有部分图片显得有一定真实感，这是一个很好的开端，可以在此基础上继续改进。

习　题

8.1　说说匹配图像转换与非匹配图像转换的区别。

8.2　阅读论文 *Unpaired Image-to-Image Translation using Cycle-Consistent Adversarial Networks*，了解 CycleGAN 技术细节。

8.3　查资料，了解最小二乘损失和 BCE 损失的概念和计算公式。

8.4　CycleGAN 为什么要使用循环一致性损失？

8.5　同一性映射损失的作用是什么？

8.6　阅读 CycleGAN 实现代码，并与 CycleGAN 作者推荐的 CycleGAN 进行代码对照。

8.7　尝试使用更多数据集进行 CycleGAN 实验，更改超参数，看看能否取得更好的实验效果。

参 考 文 献

[1] Jason Brownlee. Generative Adversarial Networks with Python. Machine Learning Mastery, 2019.

[2] Jakub Langr, Vladimir Bok. GANs in Action: Deep learning with Generative Adversarial Networks. Manning Publications, 2019.

[3] Kailash Ahirwar. Generative Adversarial Networks Projects. Packt Publications, 2019.

[4] Sanaa Kaddoura. A Primer on Generative Adversarial Networks. Springer Nature Switzerland AG, 2023.

[5] 凯拉什·阿伊瓦. 生成对抗网络项目实战[M]. 倪琛，译. 北京：人民邮电出版社，2020.

[6] 廖茂文，潘志宏. 深入浅出 GAN 生成对抗网络：原理剖析与 TensorFlow 实践[M]. 北京：人民邮电出版社，2020.

[7] 塔里克·拉希德. PyTorch 生成对抗网络编程[M]. 韩江雷，译. 北京：人民邮电出版社，2020.

[8] Mehdi Ghayoumi. Generative Adversarial Networks in Practice. CRC Press, 2024.

[9] Roshani Raut, Pranav D Pathak etc. Generative Adversarial Networks and Deep Learning. CRC Press, 2023.

[10] Arun Solanki, Anand Nayyar and Mohd Naved. Generative Adversarial Networks for Image-to-Image Translation. Academic Press, 2021.